畜禽养殖主推技术丛书

U0349647

肉牛养殖
主推技术

罗晓瑜　刘长春　主编

中国农业科学技术出版社

图书在版编目 (CIP) 数据

肉牛养殖主推技术 ／ 罗晓瑜，刘长春主编. —北京：中国农业科学技术出版社，2013.6

（畜禽养殖主推技术丛书）

ISBN 978-7-5116-1219-9

Ⅰ. ①肉… Ⅱ. ①罗… ②刘… Ⅲ. ①肉牛－饲养管理 Ⅳ. ① S823.9

中国版本图书馆 CIP 数据核字 (2013) 第 039923 号

责任编辑	闫庆健　李冠桥
责任校对	贾晓红　郭苗苗

出 版 者	中国农业科学技术出版社
	北京市中关村南大街 12 号　　　　邮编：100081
电　　话	(010) 82106632（编辑室）　(010) 82109704（发行部）
	(010) 82109709（读者服务部）
传　　真	(010) 82106625
网　　址	http://www.castp.cn
经 销 商	各地新华书店
印 刷 者	北京富泰印刷有限责任公司
开　　本	787 mm × 1 092 mm　1/16
印　　张	9.25
字　　数	219 千字
版　　次	2013 年 6 月第 1 版　2015 年 12 月第 3 次印刷
定　　价	39.80 元

编委会

20 世纪 90 年代以来，我国肉牛生产逐渐向肉用专业化生产方向发展，养殖方式由农户小规模散养向专业化规模化养殖转变。总体看来，肉牛养殖业形势相对稳定。2011 年，我国肉牛存栏 6646.4 万头，牛肉产量 647.5 万吨。肉牛年出栏 10 头以上的规模养殖比重占 42.86%。

为了进一步推动肉牛产业生产方式转变，加快科技成果转化，全国畜牧总站组织各省畜牧总站、高校、研究院所的专家 20 余人，经过会议讨论、现场调研考察等途径，深入了解分析制约我国肉牛产业健康发展的关键问题，认真梳理肉牛产业的技术需求，总结归纳了大量的肉牛养殖典型案例，提出了针对不同养殖环节适宜推广的主推技术，编写了《肉牛养殖主推技术》一书。该书主要内容包括肉牛良种繁育技术、饲料加工利用技术、牛舍建设与环境控制技术、饲养管理技术和高档牛肉生产技术 5 个方面共 30 多项主要技术，对于提高我国肉牛的标准化、精细化养殖水平，提升基层畜牧技术推广人员的科技服务能力和养殖者的生产管理水平具有重要的指导意义和促进作用。

该书图文并茂，内容深入浅出，介绍的技术具有先进、适用的特点，可操作性强，是各级畜牧科技人员和肉牛养殖场、小区、家庭牧场生产管理人员的实用参考书。

编者

2013 年 3 月

Contents 目录

目录

Contents

Contents 目录

第一章 肉牛良种繁育技术

第一节 主推品种

一、引进品种

（一）西门塔尔牛（图1-1、图1-2）

图1-1 德系西门塔尔牛　　　图1-2 北美西门塔尔牛（李俊雅团队提供）

1.原产地及分布

西门塔尔牛原产于瑞士西部阿尔卑斯山区，"西门"原文是瑞士的一个地名，"塔尔"是山谷之意。意即原产于"西门山谷的牛"。原为役用品种，因社会经济发展的需要，培育方向不同，经过长期选育，形成了肉用、乳用、乳肉兼用等类型。1862年正式宣布品种育成。1878年出版良种册，1890年成立品种协会。1974年成立世界西门塔尔牛联合会。该品种自19世纪中期瑞士开始向欧洲邻近国家输出，现在已分布到世界75个国家。如今的西门塔尔牛成为世界第二大品种，总头数4000多万头，其头数仅少于荷斯坦奶牛，是肉牛中最大的品种。自20世纪60年代末引入北美后，被育成肉用品种，丰富了遗传特性，得到广泛的推广应用。但由于西门塔尔牛产乳量高，产肉性能也并不比专门化肉牛品种差，役用性能也很好，是乳、肉、役兼用的大型品种，此品种被畜牧界称为全能牛。我国从国外引进肉牛品种始于20世纪初，但大部分都是新中国成立后才引进的。世界上许多国家也都引进西门塔尔牛在本国选育或培育，育成了自己的西门塔尔牛，并冠以该国国名而命名。中国西门塔尔牛新品种由中国农业科学院畜牧研究所、通辽市家畜繁育指导站等20多家单位培育而成，于2002年1月通过农业部品种审定，并正式命名。主要分布于内蒙古自治区（以下称内蒙古）、河北、吉林、新疆维吾尔自治区（以下称新疆）、黑龙江等26个省、自治区。由于杂交改良初期不同母本品种的差异，以及牛群所处生态和生产环境的不同，中国西门塔尔牛又分为草原、平原和山地类群，目前，中国西门塔尔牛种群规模已达100万余头，核心群3万余头，成为我国牛肉生产的重要利用品种。

2. 体型外貌

西门塔尔牛体型大，毛色为黄白花或淡红白花，头、胸、腹下、四肢及尾帚多为白色，在北美地区的部分西门塔尔牛种群为纯黑色。头较长，面宽。角较细而向外上方弯曲，尖端稍向上。颈长中等，体躯长，呈圆筒状，肌肉丰满。胸深，尻宽平，四肢结实，大腿肌肉发达。乳房发育好，泌乳力强。肉用品种体型粗壮。

3. 体重和体尺

西门塔尔牛犊牛初生重大，公犊为 45 千克，母犊为 44 千克。成年公牛体重 1000～1300 千克，成年母牛 650～750 千克。引入我国后，初生重公犊 40 千克，母犊 37 千克。成年公牛体重 1000～1300 千克，成年母牛 600～800 千克。西门塔尔牛原产地体重和中国西门塔尔牛成年牛体重和体尺见表 1-1、表 1-2。

表 1-1　原产地西门塔尔牛体重

性别	初生重（千克）	成年体重（千克）
公	45	1150
母	44	700

表 1-2　中国西门塔尔牛成年牛体重和体尺

性别	体重（千克）	体高（厘米）	体斜长（厘米）	胸围（厘米）	管围（厘米）
公	866	144	177	223	24
母	524	132	154	191	19

4. 生产性能

西门塔尔牛乳、肉用性能均较好，平均产奶量为 4070 千克，乳脂率 3.9%。在欧洲良种登记牛中，年产奶 4540 千克者约占 20%。西门塔尔牛以产肉性能高，胴体瘦肉多、脂肪少且分布均匀而出名，是杂交利用或改良地方品种的优秀父本。该牛生长速度较快，平均日增重可达 1.35 千克以上，12 月龄的牛可达 450 千克以上，生长速度与其他大型肉用品种相近。公牛育肥后屠宰率可达 65% 左右，净肉率 50% 以上。西门塔尔牛的牛肉等级明显高于普通牛肉。肉色鲜红、纹理细致、富有弹性、大理石花纹适中、脂肪色泽为白色或带淡黄色、脂肪质地有较高的硬度、胴体体表脂肪覆盖率 100%。

5. 繁殖性能

西门塔尔牛母牛常年发情，初产 24～30 月龄，发情周期 18～22 天，发情持续期 20～36 小时，情期受胎率一般在 69% 以上，妊娠期 282～292 天，产后平均 53 天发情。种公牛的精液射出量都比较大，5～7 岁的壮年种牛每次射精量在 5.2～6.2 毫升，鲜精活力 0.60 左右，平均密度 11.1 左右，冷冻后活力保持在 0.34～0.36。头均年生产冷冻精液 2 万剂左右，是产量比较大的牛种，对改良黄牛十分有利。成年母牛难产率低，适应性强，耐粗放管理。

6. 推广利用情况

从 20 世纪 50 年代起至 80 年代，我国黑龙江、吉林、河北、内蒙古、新疆、河南、山东、山西、辽宁、四川等省、自治区都先后从不同国家引入西门塔尔牛。目前，在内蒙古东部、新疆南部、山西晋中及山东、河南、河北的部分地区，西门塔尔牛养殖已成为发展地方经济的支柱产业。中国西门塔尔牛于 2002 年通过了农业部畜禽新品种认定，种群规模已达到 100 万余头，核心群 3 万余头，在科尔沁草原和胶东半岛农区强度育肥西门塔尔牛日增重 1.0 ～ 1.2 千克，屠宰率 60%，净肉率 50%。

（二）夏洛莱牛（图 1-3、图 1-4）

图 1-3 夏洛莱种公牛　　　　图 1-4 夏洛莱种母牛（张扬团队提供）

1. 原产地及分布

夏洛莱牛原产于法国中西部到东南部的夏洛莱省和涅夫勒地区，本是古老的大型役用牛，18 世纪开始严格地系统选育，1864 年建立良种登记簿，1887 年成立夏洛莱牛品种协会，1920 年被育成为专门的肉牛品种。自育成以来就以其体型大、生长快、瘦肉多、饲料转化率高而受到国际市场的广泛欢迎，已成为欧洲大陆最主要的肉牛品种之一，已输往世界66 个国家和地区，总群体规模 1800 万头。1964 年，全世界 22 个国家联合成立了国际夏洛莱牛协会。我国在 1964 年和 1974 年先后两次直接从法国引进夏洛莱牛，至 1988 年共引入近 300 头，分布在东北、西北和南方的 13 个省、自治区、直辖市。

2. 体型外貌

夏洛莱牛体躯高大强壮，属于大型肉牛品种。该牛最显著的特点是被毛为白色或乳白色，皮肤常有色斑。全身肌肉发达，骨骼结实，四肢强壮。夏洛莱牛头小而宽，角圆而较长，并向前方伸展、角质蜡黄、颈粗短、胸宽深，肋骨方圆，背宽肉厚，体躯呈圆筒状，肌肉丰满，后臀肌肉很发达，并向后和侧面突出。

3. 体重和体尺

夏洛莱牛犊牛初生重大，公犊为 45 千克，母犊为 42 千克。成年公牛体重1100 ～ 1200 千克，成年母牛 700 ～ 800 千克。夏洛莱牛成年牛体重和体尺见表 1-3。

表1-3　夏洛莱牛成年牛体重和体尺

性别	体重（千克）	体高（厘米）	体斜长（厘米）	胸围（厘米）	管围（厘米）
公	1140	142	180	244	26
母	735	132	165	203	21

4. 生产性能

夏洛莱牛在生产性能方面表现出的最显著特点是：生长速度快，瘦肉产量高，是杂交利用或改良地方品种时的优秀父本。据法国的测定表明，在良好的饲养管理条件下，6月龄公犊体重达234千克，母犊210.5千克。平均日增重公犊1.0～1.2千克、母犊1.0千克。12月龄公牛体重达525千克、母牛360千克。18月龄时分别达到658千克和448千克。阉牛在14～15月龄时体重达495～540千克，最高达675千克，育肥期日增重1.88千克。屠宰率65%～70%，胴体净肉率80%～85%。

5. 繁殖性能

夏洛莱母牛初情期在13～14月龄，17～20月龄可参与配种。由于此时期难产率高达13.7%，因此，法国原产地要求年龄达27月龄、体重达500千克以上配种，3岁第一次产犊，可降低难产率，并获得良好的后代。我国饲养的夏洛莱母牛，发情周期21天，发情持续期36小时，产后62天第一次发情，妊娠期平均为286天。

6. 推广利用情况

用夏洛莱牛改良我国本地黄牛，其杂交后代体格明显加大、增长速度加快，杂种优势明显，在较好的饲养管理条件下，杂种牛24月龄体重达494千克。当选配的母牛是其他品种的改良牛时，如西门塔尔改良母牛，则效果更明显。在粗放的饲养管理条件下，以本地牛为母本、夏洛莱牛为父本，1.5岁的杂种公牛屠宰胴体重达300千克。夏洛莱牛在中国比较受欢迎，2006年其改良牛头数超过100万头。夏洛莱牛1988年收录于《中国牛品种志》。我国2003年11月发布了《夏洛莱种牛》国家标准（GB 19374-2003）。

（三）利木赞牛（图1-5、图1-6）

图1-5　利木赞种公牛

图1-6　利木赞种母牛
（图片来源《肉牛标准化养殖技术图册》）

1. 原产地及分布

利木赞牛原产于法国中部利木赞高原，当初是大型役用牛，1850年开始选育，1886年建立良种登记簿，1924年育成专门化肉用品种，为法国第二大品种。比较耐粗饲，生长快，单位体重的增加需要的营养较少，胴体优质肉比例较高，大理石纹的形成较早，母牛很少难产，容易受胎，在肉牛杂交体系中起良好的配套作用。目前，世界上有70个国家和地区饲养利木赞牛。中国首次是从法国进口，因毛色接近中国黄牛，比较受群众欢迎，是中国用于改良本地牛的第三主要品种。目前，辽宁、山东、宁夏回族自治区（以下称宁夏）、安徽、黑龙江、陕西等省、自治区为主要供种区，杂交后代在辽宁、宁夏、山东、山西、河南、内蒙古、黑龙江等省、自治区都有分布。

2. 体型外貌

利木赞牛体型小于夏洛莱牛，骨骼较夏洛莱牛细致，体躯冗长，肌肉充实，胸躯部肌肉特别发达，肋弓开张，背腰壮实，后躯肌肉明显，四肢强健细致。蹄为红色。公牛角向两侧伸展并略向外前方挑起，母牛角不很发达，向侧前方平出。毛色多红黄为主，腹下、四肢内侧、眼睑、鼻周、会阴等部位色变浅，呈肉色或草白色。

3. 体重和体尺

利木赞牛犊牛初生重较小，公犊39千克，母犊37千克，成年公牛体重950～1100千克，成年母牛600～900千克。这种初生重小、后期发育快、成年体重大的相对性状，是现代肉牛业追求的优良性状。利木赞牛成年牛体重和体尺见表1-4。

表1-4 利木赞牛成年牛体重和体尺

性别	体重（千克）	体高（厘米）	体斜长（厘米）	胸围（厘米）	管围（厘米）
公	1025	139	169	220	24
母	750	127	150	195	21

4. 生产性能

利木赞牛产肉性能高，胴体质量好，眼肌面积大，前后肢肌肉丰满，净肉率高，肉嫩且脂肪少、风味好。体早熟是利木赞牛优点之一，在集约饲养条件下，犊牛断奶后生长很快，10月龄时体重达408千克，12月龄时480千克。哺乳期平均日增重0.86～1.0千克。育肥牛屠宰率65%左右，胴体瘦肉率80%～85%。胴体中脂肪少（10.5%），骨量也较小（12%～13%）。8月龄小牛肉就有良好的大理石纹。

5. 繁殖性能

利木赞牛繁殖率高、易产性好。难产率极低是利木赞牛的优点之一，无论与任何肉牛品种杂交，其犊牛初生重都比较小，一般要轻6～7千克。难产率只有0.5%。利木赞牛公牛一般性成熟年龄为12～14月龄，母牛初情期为1岁左右，发情周期18～23天，初配年龄18～20月龄，妊娠期272～296天。在较好的饲养条件下，2周岁可以产犊。

6. 推广利用情况

从 20 世纪 70 年代初到 90 年代，我国数次引进利木赞牛，前期主要从法国引入，后来多从加拿大引进种公牛，在辽宁、山东、宁夏、河南、山西、内蒙古等省、自治区改良当地黄牛，改良效果好。

利木赞牛作为黄牛改良的父本，其杂交生长、育肥、屠宰方面的杂交优势明显。利木赞牛与我国秦川牛、草原红牛、郏县红牛、晋南牛、南阳牛、蒙古牛、鲁西牛等杂交后，利杂牛外貌介于利木赞牛和地方黄牛之间。一般表现为体格较大，被毛黄色或红黄色，背腰平直，对黄牛的斜尻有很大改善。杂种后代体尺、体重、生长速度、饲料报酬、屠宰率、净肉率等肉用性能可获得提升。同时，保留了本地黄牛适应性强、耐粗饲、抗病力强的特征，甚至在高寒气候条件下也表现出较好的增重效果。

（四）安格斯牛（图 1-7、图 1-8）

图 1-7 红安格斯种公牛 　　　　图 1-8 红安格斯种母牛（罗晓瑜团队提供）

1. 原产地及分布

安格斯牛属于古老的小型肉牛品种。原产于英国的阿伯丁、安格斯和金卡丁等郡，并因地得名。育种工作从 18 世纪中后期开展，肉用性状着重在早熟性、肉质、屠宰率、饲料利用率和犊牛成活率等方面进行选育，取得了重大成就，在现代肉牛业中起着举足轻重的作用。1862 年英国开始安格斯牛的良种登记，1892 年出版良种登记簿。自 19 世纪开始向世界各地输出，现在世界主要养牛国家大多数都饲养这个品种牛，是英国、美国、加拿大、新西兰和阿根廷等国的主要牛种之一。近几十年来，美国、加拿大等一些国家育成了红色安格斯牛。我国 1974 年开始陆续从英国、澳大利亚引进红安格斯牛，与本地黄牛进行杂交。目前，安格斯牛主要分布于新疆、内蒙古、东北、山东、陕西、宁夏等北部地区以及湖南、重庆等地。

2. 体型外貌

安格斯牛体型较小，体躯低矮，体质紧凑、结实。成年公牛体高 130.8 厘米，成年母牛体高 118.9 厘米。安格斯牛以被毛黑色和无角为其重要特征，故也称其为无角黑牛。该牛头小而方，额宽，颈中等长、较厚，体躯宽深，呈圆筒形，四肢短而直，全身肌肉丰满，具有现代肉牛的典型体型。红色安格斯牛新品种，与黑色安格斯牛在体躯结构和生产性能方面没有大的差异。国外以黑色为主。

3. 体重和体尺

安格斯牛犊牛平均初生重 25 ～ 32 千克。成年公牛平均活重 700 ～ 900 千克,成年母牛 500 ～ 600 千克。安格斯牛成年牛体重和体尺见表 1-5。

表 1-5 安格斯牛成年牛体重和体尺

性别	体重（千克）	体高（厘米）
公	800	130.8
母	550	118.9

4. 生产性能

安格斯牛具有良好的肉用性能,被认为是世界上专门化肉牛品种中的典型品种之一。早熟、易肥,饲料转化率高,胴体品质好,净肉率高,大理石花纹明显。安格斯牛肉嫩度和风味很好,是世界上唯一一种用品种名称作为牛肉品牌名称的肉牛品种。屠宰率一般为 60% ～ 65%,哺乳期日增重 0.9 ～ 1 千克。育肥期日增重(1.5 岁以内)平均 0.7 ～ 0.9 千克。该牛适应性强,耐寒抗病,性情温和,易于管理。在国际肉牛杂交体系中被认为是最好的母系。

5. 繁殖性能

安格斯牛早熟易配,12 月龄性成熟,但常在 18 ～ 20 月龄初配。在美国育成的较大型的安格斯牛可在 13 ～ 14 月龄初配。产犊间隔短,一般都是 12 个月左右,连产性好,长寿,极少难产。发情周期 20 天,妊娠期 280 天。

6. 推广利用情况

安格斯牛自 1974 年引入中国后,当时因其体格较小、黑毛色而不受欢迎。随着肉牛产业的发展,安格斯牛优良的肉质特性引起重视,尤其是红色安格斯牛,陆续重新引进并受到欢迎。安格斯牛适应性强,纯种胚胎出生或活体引进个体在辽宁、陕西、贵州等主要肉牛产区表现正常,能适应各种饲养条件和环境。如贵州省畜禽品种改良站对 15 ～ 24 月龄的 8 头公牛进行体尺体重测定,平均日增重为 840 克,24 月龄平均体重为 710.5 千克,体尺发育情况良好;陕西自繁红色安格斯母牛周岁重平均 370 千克,2 岁体重平均 534 千克,产犊率为 101.5%。

安格斯牛在 21 世纪初重新引进后,各地进行了杂交效果测定。例如,2003 年四川地区引入安格斯牛与本地黄牛进行杂交,后代前期生长发育快、饲料利用率高、肉质好,深受广大饲养者的喜爱;2007 年吉林省农业科学院比较了安格斯牛、夏洛莱牛、西门塔尔牛与本地牛杂交后代的育肥和屠宰性能,安格斯牛的杂种牛日增重、胴体重、屠宰率、脂肪酸含量较高,且眼肌大理石花纹等级最高;贵州利用安格斯牛与本地黎平黄牛杂交,效果显著。

（五）南德温牛（图 1-9、图 1-10）

1. 原产地及分布

南德温牛原产于英格兰德温郡南部和卡如爱尔地区，该品种原为役用牛，从 19 世纪开始向肉乳兼用方向选育。1800 年澳大利亚从英格兰引入了 200 头南德温牛，经过百年的培育，形成了具有毛色紫红、不怕牛虻、体躯丰满、早熟、生长快、耐粗饲、饲料转化率高、抗病力强等一系列优良特性的一个新的肉牛品种。南德温牛现在世界许多国家都有分布，主要分布在英国、美国、加拿大、南非、新西兰、澳大利亚等国。我国 1996 年从澳大利亚引进，作为改良本地黄牛、提高产肉性能的杂交父本利用。

2. 体型外貌

南德温牛属于大型肉牛品种，公牛体型硕大，结构匀称，体躯健壮结实，全身肌肉丰满，雄相明显。母牛体躯呈楔形。南德温牛全身毛色为浅黄色至紫红色不等，一般稍带有杂色毛。头略长，部分牛带有无角基因，若有角则呈白色或浅黄色。公牛颈部粗壮，母牛颈部纤细。胸深而丰满，肋骨开张良好，全身肌肉发育良好。

3. 体重和体尺

图 1-9 南德温种母牛　　　　图 1-10 南德温种公牛（罗晓瑜团队提供）

南德温牛犊牛初生重公犊 45 千克，母犊 40 千克。成年公牛体重可达 800～1200 千克，成年母牛体重可达 700～800 千克。南德温牛成年牛体重和体尺见表 1-6。

表 1-6　南德温牛成年牛体重和体尺

性别	体重（千克）	体高（厘米）	体斜长（厘米）	胸围（厘米）	管围（厘米）
公	1114	149	202	238	26
母	698	136	171	202	21

4. 生产性能

南德温牛是肉乳兼用品种，有些国家也专作肉用牛。该品种早熟、生长快、屠宰率65%、净肉率达 59.5%、肌肉纤维细、脂肪囤积适中、肉质鲜嫩呈明显大理石纹状，是生产高档牛肉的三大品种之一。在良好的饲养条件下，一般日增重可达 1.3～1.5 千克，最高达到 2.3 千克。年产奶量 1500～3000 千克，高的可达 4000 千克左右，乳脂率 4.2%。

5. 繁殖性能

南德温牛一般6月龄时即有明显的发情表现，母牛一般在18月龄左右可以配种。怀孕期285～288天，母牛的难产率极低。抗寒、耐热，能适应较差的环境及饲养条件，长寿。母牛易受胎，性情温和，哺犊性能好，犊牛体质好，被誉为"母性品种"。

6. 推广利用情况

1996年从澳大利亚引入我国，作为改良本地黄牛、提高产肉性能的杂交父本利用。目前在甘肃、黑龙江、内蒙古、辽宁等地的黄牛改良中有部分应用。2007年南德温牛在我国的纯种群体规模为200头左右，杂种群体在40万头左右。与我国雷琼牛、南阳牛、早胜牛等地方品种牛的杂交试验中，在生长性能、屠宰率方面表现出良好的改良效果。南德温牛日粮主要以青粗饲料为主，在东北和西北地区可夏秋放牧，冬春舍饲。

二、培育品种

（一）夏南牛（图1-11、图1-12）

图1-11 夏南牛种公牛　　图1-12 夏南牛种母牛（李俊雅团队提供）

1. 原产地及分布

夏南牛主产区在河南省泌阳县，主要分布于河南省驻马店市西部、南阳盆地东隅。培育工作始于1986年，整个培育过程历时21年，培育出了含夏洛莱牛血统37.5%，含南阳牛血统62.5%的夏南牛。夏南牛是以法国夏洛莱为父本，以我国地方良种南阳牛为母本，经导入杂交、横交固定和自群繁育3个阶段的开放式育种，培育而成的肉牛新品种。该品种由河南省畜牧局、泌阳县畜牧局等单位联合培育。2007年5月15日通过国家畜禽遗传资源委员会的审定。2007年6月16日农业部发布第878号公告，宣告中国第一个肉牛品种——夏南牛诞生。

2. 体型外貌

夏南牛体型外貌一致。毛色为黄色，以浅黄、米黄居多。公牛头方正，额平直；母牛头部清秀，额平、稍长。公牛角呈锥状，水平向两侧延伸，母牛角细圆，致密光滑，稍向前倾。耳中等大小，颈粗壮、平直，肩峰不明显。成年牛结构匀称，体躯干呈长方形。胸深肋圆，背腰平直，尻部宽长，尾细长，肉用特征明显。四肢粗壮，蹄质坚实。母牛乳房发育良好。

3. 体重和体尺

夏南牛初生重公犊 38.5 千克，母犊 37.5 千克。成年公牛体重 850 千克左右，成年母牛体重 600 千克左右。夏南牛成年牛体重和体尺见表 1-7。

表 1-7　夏南牛成年牛体重和体尺

性别	体重（千克）	体高（厘米）
公	850	142.5
母	600	135.5

4. 生产性能

夏南牛生长发育快。在农户饲养条件下，公母犊牛 6 月龄平均体重分别为 197.4 千克和 196.5 千克，周岁公母牛平均体重分别为 299.0 千克和 292.4 千克。体重 350 千克的架子公牛经强化肥育 90 天，平均体重达 559.5 千克，平均日增重可达 1.85 千克。

夏南牛肉用性能好。据屠宰试验，17 ~ 19 月龄的未育肥公牛屠宰率 60.13%，净肉率 48.84%，肌肉剪切力值 2.61，骨肉比 1：4.8，优质肉切块率 38.37%，高档牛肉率 14.35%。夏南牛耐粗饲，适应性强，舍饲、放牧均可，在黄淮流域及以北的农区、半农半牧区都能饲养。具有生长发育快、易育肥的特点。夏南牛适宜生产优质牛肉和高档牛肉，具有广阔的推广应用前景。

5. 繁殖性能

夏南牛繁育性能良好。母牛初情期平均 432 天左右，发情周期平均 20 天左右，初配时间平均 490 天左右，怀孕期平均 285 天左右。产后发情时间约 60 天。难产率 1.1%。

6. 推广利用情况

夏南牛培育期间，项目区共繁育杂交牛 70 多万头。2007 年育种群规模为 1.3 万头，其中核心群 2310 头。

（二）延黄牛（图 1-13、图 1-14）

1. 原产地及分布

延黄牛是以延边牛为母本，利木赞牛为父本培育的肉用牛新品种，于 2008 年通过国家遗传资源委员会审定。由延边朝鲜族自治州牧业管理局、延边朝鲜族自治州畜牧开发总公司、延边大学农学院、延边朝鲜族自治州家畜繁育改良工作总站、吉林大学等单位共同培育。延黄牛主产区为吉林省延吉市，以图们市、龙井市、珲春市为中心产区。产地牧草种类丰富，饲养方式以放牧、放牧加补饲为主。

2. 体型外貌

延黄牛具有体质健壮、性情温驯、耐粗饲、适应性强、生长速度快、肉质细嫩等特点，

图 1-13 延黄牛种公牛

图 1-14 延黄牛种母牛（李俊雅团队提供）

体型外貌基本一致。毛色为黄色。公牛头方正，额平直，母牛头部清秀，额平，嘴端短粗。公牛角呈锥状，水平向两侧延伸，母牛角细圆、致密光滑、外向，尖稍向前弯。耳中等大小，颈粗壮、平直。成年牛结构匀称，体躯呈长方形，胸深肋圆，背腰平直，尻部宽长，四肢较粗壮，蹄质坚实，尾细长，肉用特征明显，母牛乳房发育良好。

3. 体重和体尺

延黄牛初生重公犊 30.8 千克，母犊 28.6 千克。成年公牛体重 1056.6 千克，成年母牛体重 625.5 千克。延黄牛成年牛体重和体尺见表 1-8。

表 1-8　延黄牛成年牛体重和体尺

性别	体重（千克）	体高（厘米）	体斜长（厘米）	胸围（厘米）	管围（厘米）
公	1056	156	201	238	23
母	625	136	165	203	18

4. 生产性能

延黄牛在放牧饲养条件下，未经育肥的 18 月龄公牛，屠宰率 58.6%，净肉率 48.5%。集中舍饲短期育肥的 18 月龄公牛，屠宰率 59.5%，净肉率 48.3%，在集中育肥 180 天的情况下，30 月龄的公牛、阉牛宰前活重分别为 578.1 千克、552.3 千克，日增重分别为 1.2 千克、1.1 千克，屠宰率分别为 59.8%、59.5%，净肉率分别为 49.3%、49.2%。延黄牛体质结实，耐寒、耐粗饲，抗逆性强，饲料报酬高，生长发育速度快，肉质好，是我国目前较好的肉牛品种之一，特别是在我国北部和东北部具有较好的推广前景。

5. 繁殖性能

延黄牛母牛初情期 8 ～ 9 月龄，性成熟期母牛 13 月龄，公牛 14 月龄。母牛发情周期 20 ～ 21 天，发情持续期 12 ～ 36 小时，全年发情，发情旺为 7 ～ 8 月。一般 20 ～ 24 月龄开始配种。初配妊娠 285 天，产犊间隔期 360 ～ 365 天。繁殖成活率 91.7%。

6. 推广利用情况

延黄牛是吉林省肉牛生产的主要品种之一，是延边地区肉牛的主要品种，年提供肉牛

5 万多头，在延边地区已经形成了以延黄牛为主的种、养、加、销的产业化体系，为主产区乃至我国肉牛业作出了突出贡献。

（三）辽育白牛（图 1-15、图 1-16）

图 1-15　辽育白牛种公牛　　　　　图 1-16　辽育白牛种母牛
　　　　　　　　　　　　　　　　　　（辽宁繁育中心提供）

1. 原产地及分布

辽育白牛主产区在辽宁，是以夏洛莱牛为父本，以辽宁本地黄牛为母本级进杂交后，在第 4 代的杂交群中选择优秀个体进行横交和有计划选育，采用开放式育种体系，形成了含夏洛莱牛血统 93.75%、本地黄牛血统 6.25% 遗传组成的稳定群体，该群体抗逆性强，适应当地饲养条件，是 2009 年经国家畜禽遗传资源委员会审定通过的肉牛新品种。

2. 体型外貌

辽育白牛全身被毛呈白色或草白色，鼻镜肉色，蹄角多为蜡色。体型大，体质结实，肌肉丰满，体躯呈长方形。头宽且稍短，额阔唇宽，耳中等偏大，大多有角，少数无角。公牛头方正，额宽、平直，颈粗短，母牛平直，公牛颈部隆起，无肩峰，母牛颈部和胸部多有垂皮，公牛垂皮发达。胸深宽，肋圆，背腰宽厚、平直，尻部宽长，臀端宽齐，后腿部肌肉丰满。四肢粗壮，长短适中，蹄质结实。尾中等长度。母牛乳房发育良好。

3. 体重和体尺

辽育白牛初生重公犊 41.6 千克，母犊 38.3 千克。6 月龄体重公牛 221.4 千克，母牛 190.5 千克。成年公牛体重 910 千克，肉用指数 6.3；成年母牛体重 497 千克，肉用指数 3.6。辽育白牛成年牛体重和体尺见表 1-9。

表 1-9　辽育白牛成年牛体重和体尺

性别	体重（千克）	体高（厘米）	体斜长（厘米）	胸围（厘米）
公	910	153	194	226
母	497	131	165	183

4. 生产性能

辽育白牛 6 月龄断奶后持续育肥至 18 月龄,宰前重、屠宰率和净肉率分别为 580 千克、58% 和 48%;持续育肥至 22 月龄,宰前重、屠宰率和净肉率分别为 664.8 千克、59.6% 和 50.9%。持续育肥的平均日增重可达 1.1 千克,300 千克以上的架子牛育肥的平均日增重可达 1.3 千克。辽育白牛肉质较细嫩,肌间脂肪含量适中,优质肉和高档肉切块率高。辽育白牛体质健壮,性情温顺,好管理,宜使役,适应性广,耐粗饲,抗逆性强,抗寒能力尤其突出,采用舍饲、半舍饲半放牧和放牧方式饲养均可。

5. 繁殖性能

辽育白牛早熟性和繁殖力良好。母牛初配年龄为 14 ~ 18 月龄,母牛发情周期 18 ~ 22 天,发情持续期 15 ~ 24 小时,妊娠期 282 天,产后发情时间为 45 ~ 60 天。公牛适宜初采年龄为 16 ~ 18 月龄。适繁母牛的繁殖成活率达 84.1% 以上。

6. 推广利用情况

由于辽育白牛继承了夏洛莱牛高肉用性能和当地黄牛耐粗饲、抗逆性强的优点,具有生长速度快、产肉性能突出、耐粗饲、易管理的特点,深受当地广大养牛户的喜爱。据统计,2008 年在辽宁省昌图、开原、黑山等 5 个辽育白牛重点育种基点县(市),共有辽育白牛及其杂交改良牛 24.8 万头,占当地牛总数的 70% 以上。辽育白牛种公牛在改良地方黄牛中具备一定的竞争力,到 2008 年末已累计推广辽育白牛冷冻精液 32 万剂。生产的冷冻精液除满足辽育白牛基础群母牛使用外,其余推广到外省和省内选育基点县以外的地区,改良效果显著。

三、地方良种

(一)秦川牛(图 1-17、图 1-18)

1. 原产地及分布

秦川牛是我国优良的地方黄牛品种。体格大,役力强,产肉性能良好,因产于八百里秦川的陕西省关中地区而得名。被誉为"国之瑰宝"。陕西渭北高原的部分地区和河南的西部及甘肃的庆阳地区也有分布。秦川牛是我国著名的大型役肉兼用品种牛,以陕西省咸阳、兴平、乾县、武功、礼泉、扶风和渭南、宝鸡等地的秦川牛最为著名。在我国青海、甘肃、四川等 21 个省市都有推广。

2. 体型外貌

秦川牛毛色以紫红色和红色居多,约占总数的 80%,黄色较少。头部方正,鼻镜呈肉红色,角短,呈肉色,多为向外或向后稍弯曲。体型大,各部位发育均衡,骨骼粗壮,肌肉丰满,体质强健。肩长而斜,前躯发育良好,胸部深宽,肋长而开张,背腰平直宽广,长短适中,荐骨部稍隆起,一般多是斜尻。四肢粗壮结实,前肢间距较宽,后肢飞节靠近,蹄呈圆形、蹄叉紧、蹄质硬,绝大部分为红色。

图 1-17 秦川牛种公牛

图 1-18 秦川牛种母牛（李俊雅团队提供）

3. 体重和体尺

秦川牛初生重公犊 26.7 千克，母犊 25.3 千克。成年公牛体重 620 千克，成年母牛 416 千克。秦川牛成年牛体重和体尺见表 1-10。

表 1-10　秦川牛成年牛体重和体尺

性别	体重（千克）	体高（厘米）	体斜长（厘米）	胸围（厘米）	管围（厘米）
公	620	141	160	203	21
母	416	127	141	178	18

4. 生产性能

秦川牛肉用性能良好，易于育肥，肉质细致，瘦肉率高，大理石状花纹明显。对 29 头 25 月龄公牛育肥试验，在良好饲养水平下，饲养 395 天，平均日增重为 0.75 千克，宰前活重 590.4 千克，屠宰率 63.1%，净肉率 52.9%，眼肌面积 79.8 平方厘米。秦川牛肉质细嫩，柔软多汁，大理石纹明显。秦川牛役用性能好，公牛最大挽力为 475.9 千克，占体重的 71.7%。

5. 繁殖性能

秦川公牛一般 12 月龄性成熟，1 ~ 1.5 岁开始发情，2 岁左右开始配种。母牛初情期为 9 月龄，发情周期 21 天，发情持续期 39.4 小时，妊娠期 285 天，产后第一次发情约 53 天。其适应性良好，为优秀的地方良种，是理想的杂交配套品种。

6. 品种保护和研究利用情况

（1）品种保护

1984 年开始采取保种场保护，陕西省每年按基础母牛向陕西省秦川牛原种场和乾县秦川种牛场提供保种费。2006 年陕西省秦川牛原种场存栏 153 头，其中基础母牛 84 头、种公牛 13 头、育成及哺乳犊牛 56 头；乾县秦川种牛场存栏种牛 118 头，其中种公牛 8 头、基础母牛 61 头、小牛 49 头。2008 年陕西省秦川牛原种场列入国家级畜禽遗传资源保种场。秦川牛 1988 年收录于《中国牛品种志》和《陕西省家畜家禽品种志》，2000 年列入《国家畜禽品种保护名录》，2006年列入《国家畜禽遗传资源保护名录》。我国1986年发布了《秦川牛》国家标准（GB/T 5797-1986），2003年6月发布了修订后的《秦川牛》国家标准（GB/T 5797-2003）。

（2）研究利用

①1993～2007年，先后对秦川牛的染色体、线粒体、运铁蛋白多态性以及分子生物学等方面进行了研究。

②2005年估测了秦川牛（初生至1.5岁）主要数量性状的遗传参数，特别是在正常饲养条件下的肉用指数（活重与体高比值，BPI）遗传力平均为0.4，这为秦川牛由役用型向肉用型方向选育提供了依据。

③在大型种牛场基本上可以按国家标准选育牛只，但有待于在广大农村秦川牛选育区推广执行。

④陕西省家畜改良站20年来一直培育和饲养种用秦川公牛6～9头，每年推广秦川公牛冷冻精液10万剂左右。

（二）南阳牛（图1-19、图1-20）

图1-19 南阳牛种公牛　　　图1-20 南阳牛种母牛（徐照学团队提供）

1. 原产地及分布

南阳牛是我国著名的地方优良品种之一，具有肉质好、耐粗饲、适应性强等特点，主要产于河南省南阳市白河和唐河流域的平原地区，在驻马店、平顶山、周口等周边地区也有分布。

2. 体型外貌

南阳牛属较大型役肉兼用品种。体躯高大、肌肉较发达、结构紧凑，体质结实，皮薄毛细。鼻镜宽，口大方正。角形以萝卜角为主，公牛角基粗壮，母牛角细。鬐甲隆起，肩部宽厚。背腰平直，肋骨明显，荐尾略高，尾细长。四肢端正而较高，筋腱明显，蹄大坚实。公牛头部雄壮，额微凹，脸细长，颈部褶皱多，前驱发达。母牛后躯发育良好。毛色有黄、红、草白3种，面部、腹下和四肢下部毛色浅。

3. 体重和体尺

南阳牛初生重公犊 31.2 千克，母犊 28.6 千克。成年公牛体重 648 千克，母牛 412 千克。秦川牛成年牛体重和体尺见表 1-11。

表 1-11　南阳牛成年牛体重和体尺

性别	体重（千克）	体高（厘米）	体斜长（厘米）	胸围（厘米）	管围（厘米）
公	648	145	160	199	20
母	412	126	139	169	16

4. 生产性能

经一般育肥，1.5 岁公牛平均体重 442 千克，育肥期日增重 0.813 千克，屠宰率 55.6%，净肉率 46.6%，眼肌面积 92.6 平方厘米。南阳牛肉质细嫩，颜色鲜红，大理石状花纹明显。南阳牛役用性能强，最大挽力占体重的 57% ～ 77%。南阳牛目前已由役用为主转变为肉用为主。

5. 繁殖性能

南阳牛较早熟，1 岁即能配种怀胎。母牛常年发情，在中等饲养水平下，初情期在 8 ～ 12 月龄。初配年龄一般掌握在 2 岁。发情周期 21 天。发情持续期 1 ～ 3 天。妊娠期 289.8 天。怀公犊比怀母犊的妊娠期长 4.4 天。产后初次发情约需 77 天。

6. 品种保护和研究利用情况

采取保护区和保种场保护。20 世纪 50 年代以来相继建立了南阳市黄牛研究所、南阳市黄牛良种繁育场、南阳市家畜冷冻精液中心站、南阳黄牛科技中心等机构，共同承担南阳牛原种的保护、育种、冻精生产及技术推广工作。1998 年制定了《南阳牛保种育种及杂交生产总体规划》，将卧龙区、宛城区、邓州、新野、唐河等县（市、区）的 23 个乡镇划为保种区，并向国家畜禽牧草种质资源利用中心提供了 200 枚南阳牛胚胎和 3000 支细管冻精。南阳牛 1988 年收录于《中国牛品种志》，2000 年列入《国家畜禽品种保护名录》，2006 年列入《国家畜禽遗传资源保护名录》。我国 1981 年发布了《南阳牛》国家标准（GB 2415-1981），2008 年 2 月发布了修订的《南阳牛》国家标准（GB/T 2415-2008）。

（三）鲁西牛（图 1-21、图 1-22）

1. 原产地及分布

鲁西牛是我国著名的役肉兼用品种，主要产于山东省西南部的济宁和菏泽两市，以体大力强、外貌一致、肉质良好而著称。

2. 体型外貌

鲁西牛体躯高大，肌肉发达，筋腱明显，皮薄骨细，体质结实，结构匀称。被毛从浅黄到棕红色，以黄色为最多，一般前驱毛色较后躯深，公牛毛色较母牛的深。鼻镜呈肉红色。公牛头方正，颈短厚、稍隆起，肩峰耸起，前驱发育好，角粗大，多为平角或龙门角。

图 1-21 鲁西牛种公牛　　　　图 1-22 鲁西牛种母牛（李俊雅团队提供）

母牛头清秀，角细短，颈长短适中，乳房发育较好。尻稍斜，四肢端正，蹄质坚实。

3. 体重和体尺

鲁西牛初生重公犊 22 ～ 35 千克，母犊 18 ～ 30 千克。成年公牛体重 644.4 千克，成年母牛 366 千克。鲁西牛成年牛体重和体尺见表 1-12。

表 1-12　鲁西牛成年牛体重和体尺

性别	体重（千克）	体高（厘米）	体斜长（厘米）	胸围（厘米）	管围（厘米）
公	644	146	160	206	21
母	365	123	138	168	16

4. 生产性能

鲁西牛皮薄骨细，产肉率较高，肉用性能良好，肌纤维细，脂肪分布均匀，大理石状花纹明显。在加少量麦秸、每天补饲 2 千克精料（豆饼 40%，麸皮 60%）的条件下，对 1 ～ 1.5 岁牛进行育肥，平均日增重 0.6 千克。一般屠宰率为 53% ～ 55%，净肉率为 47%。据山东菏泽地区对 14 头育肥牛的屠宰测定，18 月龄 4 头公牛和 3 头母牛的平均屠宰率为 57.2%，净肉率为 49.0%，眼肌面积 89.1 平方厘米。

5. 繁殖性能

母牛性成熟早，有的 8 月龄即能受胎。一般 10 ～ 12 月龄开始发情，1.5 ～ 2 周岁初配，发情周期平均 22 天，发情持续期 2 ～ 3 天。妊娠期平均 285 天，产后第一次发情平均为 35 天。

6. 品种保护和研究利用情况

采取保种场保护，在梁山和鄄城建立了两处鲁西牛良种繁殖育种场。1989 年开始，山东省农业科学院畜牧兽医研究所在菏泽、济宁两市开展鲁西牛品种登记，2003 年后该项工作由梁山县鲁西牛原种场负责。2005 年在国家 "863" 项目 "优质鲁西肉牛新品系选育技术研究" 支持下，中国农业科学院北京畜牧兽医研究所对牡丹区、巨野、郓城 3 个县

（区）18 个乡镇 80 个行政村的鲁西牛进行调查，共调查鲁西牛基础母牛 1850 头，并统一进行编号登记、体尺测量、线性评分，对其中的 315 头牛进行了超声波测定背膘厚、眼肌面积和大理石花纹，并采集血样用于遗传标记研究。鲁西牛 1988 年收录于《中国牛品种志》，2000 年列入《国家畜禽品种保护名录》，2006 年列入《国家畜禽遗传资源保护名录》。

（四）延边牛（图 1-23、图 1-24）

1. 原产地及分布

延边牛是役肉兼用型优良地方品种黄牛。吉林省延边朝鲜族自治州是延边牛的主要产区，主要分布于图们江流域和海兰江流域的延吉市、和龙市、龙井市、图们市、珲春市、汪清县等县市及毗邻各县，黑龙江省、辽宁省宽甸县及沿鸭绿江一带也有分布。

2. 体型外貌

图 1-23 延边牛种公牛　　　　图 1-24 延边牛种母牛（李俊雅团队提供）

延边牛属役肉兼用品种，胸部深宽，骨骼坚实，被毛长而密，皮厚而有弹力。公牛额宽，头方正，角基粗大，多向后方伸展，成一字形或倒八字角，颈厚而隆起，肌肉发达。母牛头大小适中，角细而长，多为龙门角。毛色以正黄色为主，其中浓黄色占 16.3%，黄色占 74.8%，淡黄色占 6.7%，其他占 2.2%，鼻镜一般呈淡褐色，带有黑点。四肢健壮结实，蹄质结实致密。母牛乳房发育良好。

3. 体重和体尺

延边牛初生重公犊 24 千克，母犊 22 千克。成年公牛体重 625 千克，成年母牛 425 千克。延边牛成年牛体重和体尺见表 1-13。

表 1-13　延边牛成年牛体重和体尺

性别	体重（千克）	体高（厘米）	体斜长（厘米）	胸围（厘米）	管围（厘米）
公	625	131	148	183	20
母	425	122	138	169	18

4. 生产性能

在较好的饲养条件下，对 12 头公牛屠宰测定，宰前活重 625 千克，胴体重 340 千克，屠宰率 54.4%，净肉率 47.6%，眼肌面积 108.8 平方厘米。延边牛的肉质柔嫩多汁，鲜美适口，大理石状花纹明显。延边牛耐寒，耐粗饲，抗病力强，使役持久力强，不易疲劳。

5. 繁殖性能

公牛性成熟平均为 14 月龄。母牛初情期为 8 ～ 9 月龄，性成熟期平均为 13 月龄，发情周期平均为 20.5 天，发情持续期 12 ～ 36 小时，平均 20 小时。妊娠期 290 天。母牛终年发情，7 ～ 8 月份为旺季。常规初配时间为 20 ～ 24 月龄。

6. 品种保护和研究利用情况

采取保护区和保种场保护，延边朝鲜族自治州现建有延边牛品种资源场和延边种公牛站。至 2006 年，延边牛品种资源场存栏基础母牛 500 多头、种公牛 15 头。在和龙市、龙井市、图们市、珲春市、汪清县等延边牛主要产区划定了 8 个乡镇为延边牛保种区，保种区延边牛可繁母牛达 1 万多头。保种区内严禁引进其他品种牛杂交改良延边牛，同时，采用延边牛冷冻精液或优秀延边牛种公牛选种选配，提纯复壮。延边朝鲜族自治州于 2005 年颁布了《延边朝鲜族自治州延边牛管理条例》，延边牛的生产、保种等都纳入了法制化管理。延边牛 1988 年收录于《中国牛品种志》，2000 年列入《中国畜禽品种保护名录》，2006 年列入《国家畜禽遗传资源保护名录》。

第二节 杂交育种技术的应用

一、肉牛杂交的意义

不同种群（品种或品系）个体杂交的后代往往在生活力、生长势和生产性能等方面在一定程度上优于其亲本纯繁群平均值，这种现象称为杂种优势。

杂交可以改变遗传结构，迅速提高低产群的生产性能。杂交的作用除基因杂合效应产生杂种优势外，还可因基因重组，创造新的家畜类型，普遍用于品种改良或育成新品种（品系）等。杂交育种在肉牛生产中表现出以下优势。

（一）增大体型结构

不少地区的黄牛，体型偏小，并且后躯发育较差，出肉率较低。经过改良后，杂种牛的体型一般比本地黄牛增大 30% 左右，体躯增长，胸部宽深，后躯较丰满，尻部宽平，后躯尖斜的缺点能基本得到改进。

（二）提高生长速度

本地黄牛最明显的不足之处在于，生长速度慢，成年体重小。经过杂交改良，其杂种后代作为肉用牛饲养，生长速度明显提高。据山东省的资料，在饲养条件优越的平原地区，本地公牛周岁体重仅有 200 ～ 250 千克，而杂种牛（利木赞或西门塔尔杂种）的同龄体重可以达到 300 ～ 350 千克，杂种牛比本地牛提高了 40% ～ 45%。

（三）提高出肉率

经过育肥的杂交牛，屠宰率一般能达到 55%，一些牛甚至接近 60%。如利用安格斯肉牛与本地黄牛进行杂交，可吸收其体躯丰满、增重快、肉质好、饲料利用率高、产肉性能好等优点，同时，又保持了本地黄牛抗病耐粗饲的特点，改良肉质效果显著，可获得较大经济效益。杂交肉牛在良好饲喂条件下，20 月龄平均体重可达 400 千克左右，其屠宰率为 54.9%，净肉率为 42.09%，分别较本地黄牛高出 25% 和 26.5%。据国外研究报道，通过品种间杂交，可使杂交后代生长加快，屠宰率高，比原纯种牛多产肉在 15% 左右。

（四）增加经济效益

杂交能够明显提高个体单产，缩短饲养周期，降低生产成本，提高经济效益。杂种牛继承了引进品种生长速度快，产肉率高的优点，因此，杂种牛出栏上市早，同等条件下其出栏时间比本地牛几乎缩短了一半。杂种牛保持了本地品种耐粗饲的特点，同等饲养条件下，饲料转化效率与本地品种相比有很大提高，饲养周期缩短，饲养成本降低。美国曾以几个肉牛品种与美洲野牛杂交，并培育出名叫"比法罗"的新肉牛品种，这种牛既耐热又抗寒，耐粗放，肉质好，增重快，牛肉的生产成本比普通牛低 40% 左右。此外，杂种牛保持了本地品种适应性强、抗病力强、耐寒和耐热的特点，这些都在一定程度上降低了肉牛生产过程的投入，提高了养殖效益。

二、杂交改良方式（模式）

肉牛生产中常见的杂交改良方式有以下 4 种。

（一）简单杂交（两品种杂交）

①肉用品种与本地黄牛杂交。两个品种牛（两个类型或专门化品系间）之间的杂交，其后代不留作种用，全部作商品牛出售(图 1-25)。生产中常见的两品种杂交类型如夏洛莱、安格斯作为杂交父本与本地黄牛杂交，所生杂种一代生长快，成熟早，体格大，适应性强，饲料利用能力和育肥性能好，对饲养管理条件要求较低。目前，我国商品牛生产主要采取这种形式。

②兼用品种与本地黄牛杂交。选用肉乳或乳肉兼用品种，如德系西门塔尔等作父本，与本地黄牛杂交，利用其杂交优势，提高生长速度、饲料报酬和牛肉品质。同时，杂交后代公牛用作育肥，母牛用作乳用后备牛，做到了乳肉并重。

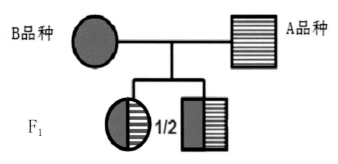

图 1-25 两品种杂交示意图

（二）三品种杂交

三品种杂交指利用两个品种进行杂交，然后选用 F_1 代杂种母牛与第三个品种公牛进行第二次杂交，最后将三元杂种作为商品牛（图 1-26）。其优点是可以更大限度地利用多个品种的遗传互补、缩短世代间隔、加快改良进度。三元杂交后代具有很高的杂交优势，并能有机结合 3 个品种的优点，在肉牛杂交生产中效果十分显著，是肉牛集约化生产主要核心技术。

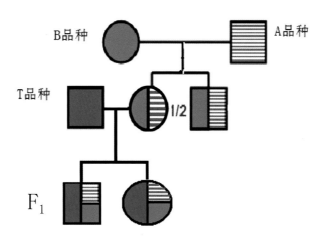

图 1-26 三品种杂交示意图

（三）引入杂交（导入杂交）

在保留地方品种主要优良特性的同时，针对地方品种的某种缺陷或待提高的生产性能，引入相应的外来优良品种，与当地品种杂交一次，杂交后代公母畜分别与本地品种母畜、公畜进行回交（图 1-27）。

引入杂交适用范围：一是在保留本地品种全部优良品种的基础上，改正某些缺点。二是需要加强或改善一个品种的生产力，而不需要改变其生产方向。

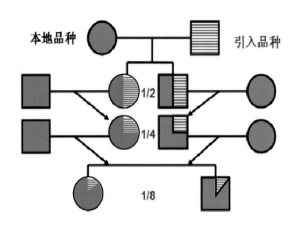

图 1-27 引入杂交模式图

引入杂交注意事项：一是慎重选择引入品种。引入品种应具有针对本地品种缺点的显著优点，且其他生产方向基本与本地品种相似；二是严格选择引入公畜，引入外血比例≤1/8～1/4，最好经过后裔测定；三是加强原来品种的选育，杂交只是提高措施之一，本品种选育才是主体。

（四）级进杂交

级进杂交也称吸收杂交或改造杂交。这种杂交方法是引入品种为主、原有品种为辅的一种改良性杂交，当原有品种需要做较大改造或生产方向根本改变时使用。具体方法是杂种后代公畜不参加育种，母畜反复与引入品种杂交，使引入品种基因成分不断增加，原有品种基因成分逐渐减少（图1-28）。级进杂交是提高本地牛品种生产力的一种最普遍、最有效的方法。当某一品种的生产性能不符合人们的生产、生活要求，需要彻底改变其生产性能时，需采用级进杂交。不少地方用级进杂交，已获得成功。如把役用牛改造成为乳用牛或肉用牛等。

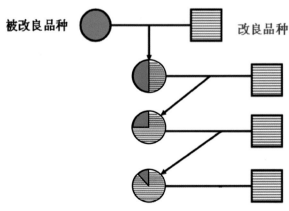

图 1-28 级进杂交示意图

级进杂交应注意事项：

①引入品种的选择，除了考虑生产性能高、能满足畜牧业发展需要外，还要特别注意其对当地气候、饲管条件的适应性，因为随着级进代数的提高，外来品种基因成分不断增加，适应性的问题会越来越突出。

②级进到几代好，没有固定的模式。总的说要改正代数越高越好的想法，事实上，只要体型外貌、生产性能基本接近用来改造的品种就可以固定了。原有品种基因成分应占有一定的比例，这可有效保留原有品种适应性、抗病力、耐粗性等优点。

③级进杂交中，随着杂交代数增加，生产性能不断提高，要求饲养管理水平也要相应提高。

第三节 繁育技术

一、母牛的生殖器官及生殖生理

（一）母牛的生殖器官

母牛的生殖器官包括卵巢、输卵管、子宫、阴道和外阴部（图1-29）。

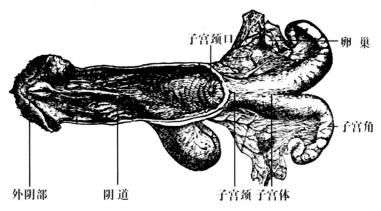

图1-29 母牛生殖器官示意图

（二）母牛初情期与性成熟

初情期是指母牛初次发情或排卵的年龄。此时虽有发情表现，但生殖器官仍在继续生长发育。此时有配种受胎能力，但身体的发育尚未完成，故还不宜配种，否则会影响到母牛的生长发育、使用年限以及胎儿的生长发育。因品种、饲养条件及气候等条件不同而异。黄牛的性成熟在8月龄左右，水牛12月龄左右。

（三）初配年龄

牛的身体发育成熟后才能配种，不能过早，但也不能过迟。牛的性成熟后，体重达到成年牛体重的70%左右（300千克以上），即可配种。因品种、饲养条件和气候不同，配种月龄有差异。黄母牛 15 月龄左右、水母牛 3 ～ 4 岁开始配种。

（四）发情周期

发情周期指上一次发情开始到下一次发情开始的间隔时间。黄牛的发情周期一般为 18 ～ 24 天（平均 21 天）。母牛在发情期间，由开始发情至发情结束这段间隔称为发情持续期。黄牛的发情持续期为 1 ～ 2 天，适宜配种的时间为发情后 12 ～ 20 小时内，一般配两次，每间隔 6 ～ 8 小时再配 1 次。因发情持续期有个体差异，在实践中要掌握规律，摸索经验。

二、人工授精技术

牛人工授精是用器械采集公牛的精液，经过处理、保存后，再用器械把精液输入发情母牛的生殖道，使其受孕的方法。牛人工授精技术可以快速扩大良种数量，有效提高优秀种公牛的利用率，已成为现代畜牧业的重要技术之一。

（一）发情鉴定

1. 外部观察法

观察母牛的外部表现和精神状态，以牛的性兴奋、外阴变化等判断其是否发情和发情程度。根据母牛表现可分为 3 个时期。

发情初期：发情牛爬跨其他母牛，神态不安，哞叫，但不愿接受其他牛的爬跨，外阴部轻微肿胀，黏膜充血呈粉红色，阴门流出透明黏液，量少而稀薄如水样，黏性弱。

发情中期（高潮期）：母牛很安静的接受其他牛的爬跨（叫稳栏现象），发情的母牛后躯可看到被爬跨留下痕迹。阴门中流出透明的液体，量增多，黏性强，可拉成长条呈粗玻璃棒状，不易扯断。外阴部充血，肿胀明显，皱纹减少，黏膜潮红，频频排尿。

发情后期：此时母牛不再接受其他牛的爬跨，外阴部充血肿胀开始消退，流出的黏液少，黏性差。

2. 阴道检查法

采用开膣器张开阴道，观察阴道壁的颜色和分泌的黏液、子宫颈的变化。发情时，牛的阴道湿润、潮红、有较多黏液，子宫颈口开张，轻度肿胀。此法不能精确判断发情程度，已不多用，但有时可作为母牛发情鉴定的参考。

3. 直肠检查法

将手臂伸进母畜的直肠内，隔着直肠壁用手指摸卵巢及卵泡的变化。触摸卵巢的大小、形状、质地，卵泡发育的部位、大小、弹性，卵泡壁的厚薄以及卵泡是否破裂、有无黄体等。发情初期卵泡直径 1 ～ 1.5 厘米，呈小球形，部分突出于卵巢表面，波动明显；发情中期（高潮期）泡液增多，泡壁变薄，紧张而有弹性，有一触即破的感觉；发情后期卵泡液流出，形成一个小的凹陷。

（二）适时输精

生产中，如果1个发情期1次输精，要在母牛拒绝爬跨后6～8小时内进行；若1个情期两次输精，要在第1次输精后，间隔6～10小时再进行第2次输精。老龄、体弱和夏季发情的母牛发情持续期相对缩短，配种时间要适当提前。可用直肠检查法，掌握母牛卵泡发育情况，在卵泡成熟时输精受胎率最高。排卵后输精，受胎率显著降低。一般情况下，母牛发情（高潮）期只有1～2天，如发现上午发情，则下午配种。下午发情，则第二天早晨配种，但也有个体差异，在实践中要掌握个体规律。

（三）人工授精操作步骤

1. 冻精解冻

主要有自然解冻、手搓解冻和温水解冻。其中，以温水解冻效果最佳。水温控制在40℃±2℃，将冻精从液氮内取出,快速放入温水中,左右轻轻摇动10～15次取出擦干即可，要求显微镜检查活力达到0.35方可使用。

2. 精液装枪

将细管冻精解冻后，用毛巾拭干水渍，用锋利剪刀剪掉封口部，输精推杆拉回10厘米，将细管棉塞端插入输精推杆深约0.5厘米，套上外套管。

3. 人工输精方法

阴道开张输精法：用开膣器插入母牛阴道，以反光镜或手电筒光线找到子宫颈外口，把装好精液输精器插入子宫颈外口内1～2厘米，注入精液，然后轻缓取出输精器和开膣器。优点是操作比较简单，容易掌握。缺点是所用器械较多，受胎率比直肠把握法低。

直肠把握输精法：该方法最常用，又称直肠把握法。先把母牛保定在配种架内（已习惯直肠检查的母牛可在槽上进行），尾巴用细绳拴好拉向一侧，然后清洗消毒母牛外阴部并擦干。配种员手臂涂上润滑剂，五指并拢，捏成锥形，徐徐伸入直肠排出宿粪，向盆腔底部前后、左右探索子宫颈，纵向握在手中，用前臂下压会阴，使阴门开张，另一只手执输精枪插入阴门，先向斜上前方插入10～15厘米越过尿道口，再转为平插直达子宫颈，这时要把子宫颈外口握在手中，假如握得太靠前会使颈口游离下垂，造成输精器不易对上颈口。两手互相配合，使输精枪插入到子宫颈，并达到子宫颈部或子宫体，然后输精，缓慢抽出输精枪（管），然后手从直肠里抽出，即可完成输精。在操作过程中，个别牛努责剧烈，应握住子宫颈向前方推，以便输精枪插入。操作时动作要谨慎，防止损伤子宫颈和子宫体。特别应注意的是在输精操作前要确定是空怀发情

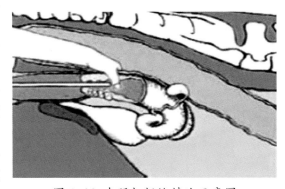

图 1-30 直肠把握输精法示意图

25

牛，否则易导致母牛流产。直肠把握法的优点是受胎率比阴道开张法高，使用器械简单，操作方便（图1-30）。

三、同期发情技术

牛的同期发情技术是利用激素制剂人为地控制并调整母牛发情周期的进程，使一定数量的母牛在预定时间内集中发情。

（一）处理方法

用于母牛同期发情处理应用的药物种类很多，方法也有多种，但目前应用较多的是孕激素法和前列腺素法。

1. 孕激素法

分为两种，即埋植法和阴道栓塞法。埋植法是将一定量的孕激素制剂装入管壁有小孔的塑料细管中，利用套管针或者专门埋植器将药管埋入牛耳背皮下。阴道栓塞法是将含有一定量孕激素的专用栓塞放入牛阴道内。经一定天数（一般是10天左右）后将栓塞取出，并（或提前1天）注射前列腺素，在第2天、第3天、第4天内大多数母牛有卵泡发育并排卵。

2. 前列腺素法

前列腺素的投药方法有子宫注入（用输精管）和肌肉注射两种，前者用药量少，效果明显，但注入时较为困难。后者操作容易，但用药量需适当增加。

前列腺素处理法对处在发情周期第5～18天（有功能黄体时期）的母牛才能产生发情反应。因此，用前列腺素处理后，虽然大多数牛的卵泡正常发育和排卵，总有少数牛无外部发情症状和性行为表现无反应，或表现非常微弱，其原因可能是激素未达到平衡状态，对于这些牛需做2次处理。有时为使一群母牛有最大程度的同期发情率，第1次处理后，对发情的母牛不予配种，经10～12天后，再对全群牛进行第2次处理，这时所有的母牛基本处于周期的相同时期。第2次同期发情处理后，母牛其外部症状、性行为和卵泡发育均趋于一致，同期发情比率显著提高。

（二）操作要点

1. 母牛的选择和要求

年龄：地方黄牛2～8岁，杂交肉牛1.5～8岁。健康无病。

体重及膘情：黄牛200～300千克，杂交肉牛300千克以上，水牛200千克以上。中等以上膘情。过肥或发育不正常的母牛及刚进行了疫苗注射或驱虫的牛不能选用。

发情周期：要求母牛处于黄体期，即发情后5～17天，最好是8～12天。可通过触摸卵巢和询问畜主确定其周期。带犊母牛要求产后2个月以上，子宫恢复正常。

2. 牛群规模

每次同期发情的适宜规模为每个输配人员50～80头。

3. 时间选择

最佳的时间是在秋季，太冷、太热的季节不宜进行同期发情。药物处理时要避开牛的使役期。

4. 妊娠检查

药物处理前所有母牛必须进行直肠妊娠检查，通过检查确定空怀者才能注射药物，否则，会引起怀孕牛流产。

5. 注射剂量

根据母牛的体重，每头牛臀部肌肉注射氯前列烯醇（PG）2～4毫升，本地黄牛一般2毫升即可。对于直肠检查时发现有黄体囊肿的母牛可加大用药量（4～6毫升）。

6. 输精时间

注射药物后，以打针当天为0天，黄牛在第3天、第4天各按要求输精1次。水牛在第4天、第5天各输精1次。需要注意不管是否有发情表现都要进行输精。

四、胚胎移植技术

胚胎移植也叫受精卵移植，是将优良遗传性状的母牛和公牛交配后的早期胚胎取出，移植到另1头生理状态相同的母牛子宫内，使其继续发育直到分娩。提供胚胎的母牛称为供体，接受胚胎的母牛称为受体。胚胎移植技术主要包括供体牛的选择及饲养管理，超数排卵，人工授精，胚胎采集和质量鉴定，受体的选择及饲养管理，受体的同期发情和胚胎移植等环节。该技术是继人工授精之后，牛繁殖技术的又一次革命，充分发挥了优秀母牛的遗传和繁殖潜力，大大增加了优秀母牛的群体数量。我国牛胚胎移植研究和应用已有30多年的历史，已作为一项产业化技术在养牛业中广泛应用，为我国黄牛改良工作做出了重要贡献。

（一）供、受体牛的选择

供体牛要有较高的生产性能，品种特征明显，体型外貌良好，遗传性能稳定，系谱清楚。受体母牛一般选择本地黄牛、杂交牛及低产奶牛。供体牛年龄1.5～8岁为宜，从超排效果和便于冲胚考虑，最好选择1～2胎经产母牛。受体应选择年龄在8岁以内的性成熟母牛，青年母牛要选择体成熟并且体格较大的。供、受体母牛都要求健康无病，繁殖机能正常，没有流产史，产后60天以上，发情周期正常。直肠检查子宫及卵巢发育正常，无生殖系统疾病。母牛体格较大、膘情中等以上、性情温顺。长期空怀、子宫颈狭窄等不得作供、受体母牛。

（二）饲养管理

营养是影响母牛繁殖能力的主要因素，供、受体牛都要加强饲养管理，保证足够的优质青粗饲料、精料以及维生素、矿物质等，保证清洁饮水。农村散养条件下，可采取集中统一管理方式（1～2个月），加强饲养管理。

（三）供体牛超数排卵处理方法

超排药品主要有促卵泡素（FSH）、氯前列烯醇（PG）或阴道栓（CIDR）等。超排过程中供体母牛在发情后的第9～13天，连续4天早晚间隔12小时肌肉注射FSH，在注射FSH的第3天用PG处理。在实际应用时，一般是同时处理多头供体和受体母牛，为达到同期化，常采用以下两种方法。

两次PG+FSH法：以国产PG和FSH为例，供体母牛在第1次肌肉注射4毫升PG后，间隔10天再次注射4毫升PG。在第2次肌肉注射PG后的第14天开始进行超排处理。FSH采用递减法连续4天早晚间隔12小时进行注射，4天注射量分别70国际单位/70国际单位、60国际单位/60国际单位、50国际单位/50国际单位、40国际单位/40国际单位，总量为440国际单位。在注射FSH的第3天，同时注射PG。注射PG后第2天（注射当天为0天），早晚各输精1次，第3天视牛的发情状况，再输精1次。

CIDR+FSH法：以进口药物为例，供体母牛在第1天植入CIDR，在第11天开始注射FSH。采用的是递减法，连续4天早晚间隔12小时注射，4天注射量分别为4毫升/4毫升、3毫升/3毫升、2毫升/2毫升、1毫升/1毫升。在第3天注射FSH的同时，上下午各注射1.5毫升PG，在第4天上午注射FSH时取出CIDR，注射PG后的第2天（注射当天为0天）上午、下午各输精1次。再次输精与否视母牛的发情状况而定。

（四）冲胚程序

1. 冲胚时间

在发情配种后的第7天（发情当天为0天）冲胚，也可在第6天或第8天冲胚。

2. 保定与麻醉

供体牛按照人工授精的要求进行保定，并用2%的普鲁卡因5～10毫升作尾椎硬膜外麻醉。

3. 器械和冲胚液的准备

所有器械必须严格按无菌要求进行消毒，在清洗的最后一定要用双蒸水冲洗，接触胚胎的器械容器要用冲卵液进行冲洗；冲胚前冲卵液要先预热（水浴锅或热水浸泡）到35～37℃。

4. 超排效果检查

在冲胚前，通过直肠检查卵巢黄体个数，可判断能冲出的胚胎个数。

5. 操作步骤

①用清洁温水清洗外阴后，用消毒毛巾或卫生纸擦干净。一般不用消毒药水，因其使用不当反而会对胚胎造成伤害。

②用扩张棒打开子宫颈通道后退出。

③用冲卵液内外冲洗冲卵管，并检查气球是否完好后装入钢芯。

④采用直肠把握法将冲卵管插入阴道，通过子宫颈将冲卵管插到一侧子宫角（左或右），当到达子宫角大弯部位时，将钢芯退出约3厘米，并把冲卵管继续向前推进，如此反复，直到冲卵管前端到达子宫角深部。由助手用注射器冲卵管冲气孔注入9～18毫升（根据子宫角大小确定）空气使气球膨胀，堵住子宫角，关闭进气孔后，将通针取出开始冲胚。

⑤助手用注射器吸取冲卵液，每次15～30毫升，从冲卵管口推入子宫角，注入冲卵液后术者用直肠中的手将子宫角抬高，冲卵液体就会回流，用瓶子接住或直接用注射器回收即可。一般一侧子宫角反复冲7次左右。

⑥如需冲另一侧子宫角，则按③④⑤重复操作即可。

⑦冲胚时每头牛用一个容器（瓶子或滤杯）装回收液，并要注意保温和避免污染。

6. 术后处理

两侧子宫冲卵完毕后，将气球内的空气放掉，把冲卵管抽回至子宫体，直接从冲卵管灌注青霉素80万单位、链霉素100万单位和氯前列烯醇4毫升（用双蒸水或生理盐水稀释）。

（五）检胚

1. 检胚前的准备

检胚实验室及各种器具要事先消毒，检胚的室温要求是25℃，如果气温低要提前进行升温。

2. 过滤法回收

将回收的冲卵液直接注入过滤杯，将过滤杯中留下的35毫升左右回收液倒入平皿中，用冲卵液冲洗过滤杯2～3次，其液体一并冲入平皿中，然后在体视显微镜下检胚。

3. 沉淀法回收

回收液静置20分钟后用塑料管吸去上清液，在吸时根据虹吸原理进行，要控制（用手握紧或放松出水口）液体的流速，使其缓慢流出，并注意把上面的气泡吸尽，当吸到液面还有2～2.5厘米深时，将余下的液体倒入两个培养皿中镜检。

4. 检胚

在体视显微镜6×1.5倍进行检胚。用自制的玻璃微吸管（玻璃管拉丝，后面配上一节封口的塑料管）吸取少量培养液将胚胎吸出，移入装有培养液的平皿中。

（六）胚胎的质量鉴定和分级

1. 放大倍数

胚胎质量鉴定一般在放大60～200倍体视显微镜下进行，如果受体视显微镜放大倍数的限制，30倍也行。

2. 鉴定依据

在显微镜下根据胚胎分裂与否、形态色调、分裂球大小、均匀度、细胞的密度、透明带以及变性情况等鉴定。

①未受精卵。没有分裂球及细胞团的卵子。

②桑葚胚。发情后 5 ～ 6 天冲出的卵，只能观察到球状的细胞团，分不清分裂球。细胞团占据透明带内腔的大部分。

③致密桑葚胚。发情后第 6 ～ 7 天回收的卵，细胞团变小，占透明带内腔的 60% ～ 70%。

④早期囊胚。发情后第 7 ～ 8 天冲出的卵，细胞的一部分出现发亮的胚泡腔。细胞团占透明内腔的 70% ～ 80%，难以分清内细胞团和滋养层。

⑤囊胚。发情后第 7 ～ 8 天回收的胚胎，内细胞团和滋养层界线清晰，胚泡腔明显，细胞充满透明带内腔。

⑥扩张囊胚。发情后第 8 ～ 9 天回收的胚胎，胚泡腔明显扩大，体积增大到原来的 1.2 ～ 1.5 倍，与透明带之间无空隙，透明带变薄，相当于正常厚度的 1/3。

⑦孵育胚。在发情后第 9 ～ 11 天回收的胚胎，由于胚泡腔继续扩张，致使透明带破裂，卵细胞脱出。

3. 胚胎的分级

冲出的胚胎一般分为 A、B、C、D 4 级。

A 级：胚胎形态完整，轮廓清晰呈球形，分裂球大小均匀，结构紧凑，色调和透明度适中，无附着的细胞和液泡。

B 级：轮廓清晰，色调及细胞密度良好，可见到一些附着的细胞和液泡。

C 级：轮廓不清，色调发暗，结构较松散，游离的细胞或液体较多，变性的细胞达 30% ～ 50%。

D 级：未受精卵、16 细胞以下受精卵、有碎片的退化卵及变性细胞超过一半的胚胎。

A 级、B 级、C 级胚胎为可用胚胎，其中，A 级、B 级为可冷冻胚胎，C 级胚胎只能用于鲜胚移植，D 级胚胎为不可用胚胎。

（七）鲜胚移植

供、受体牛经过同期发情处理，从供体牛获得的胚胎可以马上移植到受体牛的子宫内。

1. 受体牛的同期化处理

受体牛的同期化是指其发情时间与供体牛基本一致，相差时间最好提前一天，受体牛处理头数一般为供体牛的 5 倍。

（1）前列腺素法

一次前列腺素（PG）法：在供体牛用前列腺素的前 1 天，对处于发情周期第 10 天的受体牛进行直肠检查，选择黄体好的受体牛一次肌肉注射前列腺素 2 ～ 4 毫升（按牛体重大小）诱导发情，发情后第 7 天进行移植。

二次前列腺素（PG）法：对经直肠检查空怀的受体牛注射一次前列腺素 2 ～ 4 毫升后 11 天再次肌肉注射前列腺素 2 ～ 4 毫升，发情后第 7 天进行移植。

（2）阴道栓加前列腺素（CIDR+PG）法

在供体母牛放入 CIDR 的第 3 天，给受体母牛放置 CIDR，10 天左右取出 CIDR，同时肌肉注射 PG 4 毫升，发情后第 7 天进行移植。

2. 胚胎冲洗

在移植前要对胚胎进行冲洗，方法是在一个培养皿中，分别滴 10～12 滴培养液，每滴 0.1 毫升左右，用玻璃微吸管吸入培养液，挤出少量培养液后，按前述的方法从培养液中取出胚胎放入第一滴培养液中，排空吸管，从第二滴培养液中吸入培养液，挤出少量培养液，从第一滴中吸出胚胎放入第二滴培养液中，如此反复直到最后一滴冲洗完毕。

3. 装细管及输胚器（枪）

用 0.25 毫升的塑料细管，先吸入约 2 厘米长度的培养液，再吸入 1 厘米长度的空气，再吸入胚胎，再吸入空气，再吸入培养液，细管的两头要留有空气间隔（即 7 段装胚法），整个过程用微型注射器吸入。输胚器的安装基本与细管精液输精枪相同，但要特别注意无菌操作，手不能直接触摸枪帽。装好后要注意保温和避免污染，一般用灭菌卫生纸或纱布包裹头部，并要尽快输入受体牛子宫。

4. 合理搭配受体和胚胎

对受体牛移植时，要考虑胚胎的发育情况和受体的发情时间。一般处于发情第 6 天的受体牛选用致密桑葚胚移植，处于发情第 7 天的受体牛选用早期囊胚移植，处于发情第 8 天的受体牛选用囊胚或扩张囊胚移植。

5. 输胚

受体牛有两种来源，一是用同期化处理的受体牛，二是根据自然发情记录来确定。不管是哪一种方法在输胚前都必须确定受体牛处于发情周期的第 7 天（6～8 天），并通过直肠检查卵巢上是否有明显的黄体存在，只有明确了黄体的存在并发育正常，才能进行输胚，而且胚胎必须输在有黄体一侧的子宫角深处。操作方法基本同人工授精，不同的是输胚的部位在有黄体侧的子宫角深部。要尽量减少对子宫的刺激，避免子宫受伤，操作最好在 3 分钟内完成。

（八）胚胎冷冻与解冻

一般在专门生产胚胎或进行鲜胚移植获得的可用胚多于受体牛时可将胚胎冷冻保存。下面以乙二醇为冷冻保护液的冷冻过程如下。

1. 装管方法

将冲洗过的胚胎装入 0.25 毫升的细管中。过程如下：用微型注射器连接细管，吸入约 2.5 厘米保存液→0.5 厘米空气→0.5 厘米冷冻液→0.5 厘米空气→含一枚胚胎的冷冻液→0.5 厘米空气→0.5 厘米冷冻液→0.5 厘米空气→适量保存液，最后用细管封口塞封口。一般要制作一个标签，注明胚胎系谱、冷冻方法、胚胎发育期及级别等。

2. 冷冻程序

用自动或半自动胚胎冷冻仪进行胚胎冷冻。程序如下：将胚胎冷冻仪的冷冻室预冷至-5.5℃（植冰温度），将装有胚胎的细管放入冷冻室平衡5～10分钟,植冰,再平衡5～10分钟,然后以每分钟0.3℃的降温速度降温至-32℃,平衡10分钟后,将细管投入液氮保存。

3. 冻胚解冻

用乙二醇为冷冻保护液制作的冷冻胚胎，解冻后可直接移植。解冻程序是：从液氮中取出装有胚胎的细管→置于空气中10秒→放入35℃温水中10秒→灭菌棉擦干→拧下细管塞→装入移植枪。

（九）妊娠诊断

在受体牛接受移植后2个月，通过直肠检查法判断是否妊娠。

五、早期妊娠诊断技术

牛早期妊娠诊断对提高牛群繁殖率，减少空怀具有重要意义。通过早期妊娠诊断，可尽早确定母牛输精后妊娠与否，从而采取相应的饲养管理措施。对已受胎母牛，应加强饲养管理，保证母体和胎儿健康，防止流产。未受胎母牛，要及时查找原因，采取有效的治疗措施，促使其再发情、受孕，尽量减少空怀天数。

（一）外部观察法

母牛输精后，到下一个发情期不再发情，且食欲和饮水量增加，上膘快，被毛逐渐光亮、润泽，性情变得安静、温顺，行动迟缓，常躲避追逐和角斗，放牧或驱赶运动时，常落在牛群后面。怀孕5～6个月时，腹围增大，腹壁一侧突出。8个月时，右侧腹壁可触到或看到胎动。外部观察法在妊娠中后期观察比较准确，但不能在早期作出确切诊断。

（二）直肠检查法

直肠检查法是用手隔着直肠壁通过触摸检查卵巢、子宫以及胎儿和胎膜的变化来判断是否妊娠以及妊娠期的长短。在妊娠初期，一侧卵巢增大，可在卵巢上摸到突出于卵巢表面的黄体，子宫角粗细无变化，但子宫壁较厚并有弹性。妊娠1个月，两侧子宫角不对称，一侧变粗，质地较软，有波动感，绵羊角状弯曲不明显。妊娠2个月，妊娠角比空角粗1～2倍，变长而进入腹腔，角壁变薄且软，波动感较明显，妊娠角卵巢前移至耻骨前缘，角间沟变平。妊娠3个月时，角间沟消失，子宫颈移至耻骨前缘，孕角比空角大2～3倍，波动感更加明显。妊娠4个月，子宫和胎儿已全部进入腹腔，子宫颈变得较长且粗，抚摸子宫壁时能清楚地摸到许多硬实的、滑动的、通常呈椭圆形的子叶，孕角侧子宫动脉有较明显波动。直肠检查法是早期妊娠诊断最常用、最可靠的方法，根据母牛怀孕后生殖器的变化，可判断母牛是否妊娠及妊娠期的长短。检查时动作要轻缓，力度不能过大，以免伤及子宫造成流产现象。应用直肠检查法进行早期妊娠诊断时，要根据子宫角的形状、大小、质地及卵巢的变化，综合判断。

第一注意孕期发情。母牛配种后 20 天，且已怀孕，偶尔也有发情表现，直肠检查怀孕症状不明显，无卵泡发育，外阴部虽有肿胀表现，但无黏液排出，不应配种。

第二注意特殊变化。怀双胎母牛的子宫角，在怀孕 2 个月时，两角是对称的，不能依其对称而判为未孕。要正确区分怀孕子宫和子宫疾病。怀孕 90～120 天的子宫容易与子宫积液、积脓等相混淆，积液或积脓使一侧子宫角及子宫体膨大，重量增加，子宫有不同程度的下沉，卵巢位置也随之下降，但子宫并无怀孕症状，无子叶出现，积液可由一角流至另一角。积脓的水分被子宫壁吸收一部分，会使脓汁变稠，在直肠内触之有面团状感。对于子宫积液、积脓的诊断，必须与阴道检查相结合进行。最好间隔一定日期多次检查确诊。

第三注意区分怀孕子宫与充满尿液的膀胱。怀孕 60～90 天的子宫，可能与充满尿液的膀胱混淆，特别是怀孕 2 个月的子宫，收缩时变为纵椭圆形，横径约一掌宽，像充满尿液的膀胱。但子宫前有角间沟，后有子宫颈，胎胞表面光滑，质地均匀。膀胱轮廓清楚，两侧没有牵连物，表面不光滑，有网状感。如果区分不清楚时，可等待片刻或牵遛运动后，使其排尿后再作检查，对比前后变化。

（三）阴道检查法

阴道检查法是根据阴道黏膜色泽、黏液、子宫颈的变化来确定母牛是否妊娠。母牛输精 1 个月后，检查人员用开膣器插入阴道，有阻力感，且母牛阴道黏膜干涩、苍白、无光泽。怀孕 2 个月后，子宫颈口附近有黏稠液体，量很少。怀孕 3～4 个月，子宫颈口附近黏液量增多且变为浓稠，呈灰白或灰黄色，形如浆糊，子宫颈紧缩关闭，有浆糊状的黏液块堵塞于子宫颈口（即子宫颈栓）。阴道检查法对于检查母牛妊娠有一定的参考价值，但准确率不高。

（四）子宫颈黏液诊断法

取子宫颈部少量黏液，用以下方法进行诊断。

①放入 30～38℃温水中，1～2 分钟后仍凝而不散则表明已怀孕，散开则表示没有怀孕。

②加 1% 氢氧化钠液 2～3 滴，混合煮沸。分泌物完全分解，颜色由淡褐色变为橙色或褐色者为妊娠。

③放入比重为 1.002～1.010 的硫酸铜溶液中，呈块状沉淀者为妊娠，上浮者为未妊娠。

（五）乳汁诊断法

将 3% 的硫酸铜溶液 1 毫升加到 0.5～1.0 毫升乳汁中，乳汁凝结为怀孕，不凝结为未怀孕。也可取 1 毫升乳汁放入试管中，加 1 毫升饱和氯化钠溶液，振荡后再加 0.1% 氧化镁溶液 15 毫升振荡 20～25 秒，然后置于开水中 1 分钟，取出静置 3～5 分钟后观察，如形成絮状物沉在下半部表明已怀孕，不形成絮状物或集于上部是未怀孕。

（六）尿液诊断法

取母牛清晨排出的尿液 20 毫升放入试管中，先加入 1 毫升醋，再滴入 2%～3% 的医用碘酊 1 毫升，然后用火缓慢加热煮沸。试管中溶液从上到下呈现红色表明怀孕，呈浅黄色、褐绿色且在冷却后颜色很快消退则表明未怀孕。

（七）超声波妊娠诊断法

超声波妊娠诊断法是将超声波的物理性和动物体组织结构的声学特点密切结合的一种物理学检查法。利用超声波仪探测胎水、胎体及胎心搏动、血液流动等情况进行诊断。此法操作简单、准确率高。超声波检查已逐渐被广泛用于母牛的早期妊娠诊断。此法一般需要到配种后 30 天左右，才能探测出比较准确的结果。

第二章 饲料加工利用技术

第一节 秸秆类饲料加工利用技术

一、全株玉米青贮加工利用技术

全株玉米青贮饲料是将适时收获的专用（兼用）青贮玉米整株切短装入青贮池中，在密封条件下厌氧发酵，制成的一种营养丰富、柔软多汁、气味酸香、适口性好、可长期保存的优质青绿饲料。全株玉米青贮因营养价值、生物产量等较高，得到国内外广泛的重视，畜牧业发达国家已有100多年的应用历史。

（一）技术要点

1. 青贮窖（池）建设

青贮窖应建在地势较高、地下水位低、排水条件好、靠近畜舍的地方，主要采用地下式、半地下式和地上式3种方式。青贮窖地面和围墙用混凝土浇筑，墙厚40厘米以上，地面厚10厘米以上。容积大小应根据饲养数量确定，成年牛每头需6～8立方米。形状以长方形为宜，高2～3米，窖（池）宽小型3米左右、中型3～8米、大型8～15米，长度一般不小于宽度的2倍。

2. 适时收割

全株玉米在玉米籽实乳熟后期至蜡熟期（整株下部有4～5个叶片变成棕色）时刈割最佳。此时收获，干物质含量30%～35%，可消化养分总量较高，效果最好。青贮玉米收获过早，原料含水量过高，籽粒淀粉含量少，糖分浓度低，青贮时易酸败（发臭发黏）。收获过晚，虽然淀粉含量增加，但纤维化程度高，消化率低，且装窖时不易压实，影响青贮质量（图2-1）。

图 2-1 专用青贮玉米

3. 切碎

青贮玉米要及时收运、铡短、装窖，不宜晾晒、堆放过久，以免原料水分蒸发和营养损失。一般采用机械切碎至1～2厘米，不宜过长（图2-2、图2-3）。

图 2-2 机械收割全株玉米　　　　　图 2-3 机械铡短全株玉米

4. 装填、压实

每装填30～50厘米厚压实一次，排出空气，为青贮原料创造厌氧发酵条件。一般用四轮、链轨拖拉机或装载机来回碾压，边缘部分若机械碾压不到，应人工用脚踩实。青贮原料装填越紧实，空气排出越彻底，质量越好。如果不能一次装满，应立即在原料上盖上塑料薄膜，第二天再继续工作（图2-4、图2-5）。

图 2-4 机械压实　　　　　　　　图 2-5 轮胎压盖

5. 密封

青贮原料装填完后，要立即密封。一般应将原料装填至高出窖面50厘米左右，窖顶呈馒头形或屋脊形，用塑料薄膜盖严后，用土覆盖30～50厘米（也可采用轮胎压实）。覆土时要从一端开始，逐渐压到另一端，以排出窖内空气。青贮窖封闭后要确保不漏气、不漏水。如果不及时封窖，会降低青贮饲料品质。

6. 管护

青贮窖封严后，在四周约1米处挖排水沟，以防雨水渗入。多雨地区，可在青贮窖上面搭棚。要经常检查，发现窖顶有破损时，应及时密封压实。

7. 开窖取料

青贮玉米一般贮存40～50天后可开窖取用。取料时用多少取多少，应从一端开启，由上到下垂直切取，不可全面打开或掏洞取料，尽量减小取料横截面，取料后立即盖好。如果中途停喂，间隔较长，必须按原来封窖方法将青贮窖封严（图2-6）。

图 2-6 取用全株玉米青贮

8. 品质鉴定

实际生产中，主要通过颜色、气味、结构及含水量等指标，对全株玉米青贮进行感官品质鉴定。

（1）颜色、气味、结构评定（表2-1）

表 2-1 全株青贮玉米感官评定标准

品质等级	颜色	气味	结构
优良	青绿或黄绿色，有光泽，近于原色	芳香酒酸味，给人以舒适感	湿润、紧密，茎叶保持原状，容易分离
中等	黄褐色或暗褐色	有刺鼻酸味，香味淡	茎、叶部分保持原状，柔软，水分稍多
低劣	黑色、褐色或暗黑绿色	有特殊刺鼻腐臭味或霉味	腐烂，黏滑或干燥或黏结成块

（2）含水量判断

全株青贮适宜的含水量为65%～70%。检测时用手紧握青贮料不出水，放开手后能够松散开来，结构松软，不形成块，握过青贮料后手上潮湿但不会有水珠。

9. 饲喂

全株玉米青贮是优质多汁饲料，饲喂时应与其他饲草料搭配。经过短期适应后，肉牛一般均喜欢采食。开始饲喂时，由少到多，逐步增加。也可在空腹时先喂青贮饲料，再喂其他饲料，使其逐渐适应。成年牛每天饲喂 5 ～ 10 千克，同时饲喂干草 2 ～ 3 千克。犊牛 6 月龄以后开始饲喂。

（二）特点

①全株青贮玉米具有生物产量高，营养丰富，饲用价值高等优点，已成为畜牧业发达地区肉牛生产最重要的饲料来源。

②在密封厌氧环境下，可有效保存玉米籽实和茎叶营养物质，减少营养成分（维生素）的损失。同时，由于微生物发酵作用，产生大量乳酸和芳香物质，适口性好，采食量和消化利用率高。

③保存期长（2 ～ 3 年或更长），可解决冬季青饲料不足问题，实现青绿多汁饲料全年均衡供应。

（三）成效

全株青贮玉米采用密植方式，每亩 6000 ～ 8000 株，生物产量可达 5 ～ 8 吨，刈割期比籽实玉米提前 15 ～ 20 天，茎叶仍保持青绿多汁，适口性好、消化率高，收益比种植籽实玉米高 400 元以上。制作时秸秆和籽粒同时青贮，营养价值提高。孙金艳等（2008）开展的"玉米全株青贮对肉牛增重效果研究"结果表明：育肥肉牛饲喂"混合精料＋青贮玉米＋干秸秆"日粮与饲喂"混合精料＋玉米秸秆"日粮相比，平均日增重提高 0.383 千克，经济效益提高 56.65%。

（四）案例

宁夏夏华肉食品有限公司位于中卫市沙坡头区迎水桥镇，是国家级农业产业化重点龙头企业、国家肉牛牦牛产业技术体系综合试验站、农业部肉牛标准化示范场和宁夏回族自治区现代农业示范基地。2007 年以来，该公司建设青贮池 4.6 万立方米，与 360 个农户签订了约 387 公顷青贮玉米种植订单，由公司统一供种、统一收割、集中加工贮存，年加工调制优质青贮玉米 3.2 万吨。年育肥优质肉牛 10000 头以上、高档肉牛 1000 头以上。该公司在肉牛育肥、母牛养殖中全面应用了全株玉米青贮饲喂技术。繁殖母牛每天饲喂全株玉米青贮 15 千克，育肥牛饲喂 10 千克。满足了肉牛养殖对优质粗饲料的需求。

二、玉米秸秆黄贮技术

玉米秸秆黄贮是玉米籽实收获后，将玉米秸秆切碎装入青贮窖中，经过密闭厌氧微生物发酵，调制成具有酸香味、适口性好、可长时间贮存的粗饲料。与干玉米秸秆相比，具有气味芳香、适口性好、消化利用率高等优点。

（一）技术要点

①收割。一般是在玉米蜡熟后期，果穗苞皮变白，植株下部 5～6 片叶子枯黄即可收获。为保持原料水分不损失，应随割随运随贮。

②切碎。秸秆铡碎长度以 1～2 厘米为宜，过长不易压实，容易变质腐烂。

③装窖。切碎的原料要及时入窖，除底层外，要逐层均匀补充水分，使其水分达到 65%～70%。即用手将压实后的草团紧握，指间有水但不滴为宜。为提高秸秆黄贮糖分含量，保证乳酸菌正常繁殖，改善饲草品质，可添加 0.5% 左右麸皮或玉米面。

④压实。装填过程中要层层压实，充分排出空气。可以用拖拉机、装载机等机械反复碾压，尤其要将四周及四角压实。

⑤密封。原料装填至高出窖口 40～50 厘米、窖顶中间高四周低呈馒头状时，即可封窖。在秸秆顶部覆盖一层塑料薄膜，将四周压实封严，用轮胎或土镇压密封。土层厚 30～50 厘米，表面拍打光滑，四周挖好排水沟，防止雨水渗入。制作后要勤检查，发现下陷、裂缝、破损等，要及时填补，防止漏气。封窖后 40～50 天，可开窖使用。

（二）特点

①玉米秸秆黄贮制作简便，成本低，易于推广。

②黄贮后秸秆质地变软，具有酸香味，适口性明显改善。

③玉米秸秆黄贮利用率达到 90% 以上。与干秸秆相比，采食速度提高 40%，采食量增加 20%，消化率提高 60%。

（三）成效

推广应用玉米秸秆黄贮技术，节省了贮存空间，有效提高秸秆利用率，避免火险隐患和焚烧造成的环境污染。同时，降低饲养成本，解决部分地区饲草料不足问题，增加养殖效益。与直接饲喂干秸秆相比，同等饲养管理条件下，育肥肉牛日增重可增加 300 克，效益显著。

（四）案例

青岛琴嘉来生态肉牛牧业有限公司，2011 年出栏肉牛 1200 头。该公司利用玉米秸秆黄贮饲喂肉牛取得了较好的经济效益。不仅缩短肉牛育肥期，还减少了饲草资源的浪费，节约饲养成本。经饲养试验，对照组每头牛每天饲喂 5 千克干玉米秸秆，试验组饲喂 5 千克玉米秸秆黄贮，育肥期由 6 个月缩短到 4 个月，饲料转化率明显提高。仅应用玉米秸秆黄贮技术，公司每年节约饲养成本 15 万元以上。

三、玉米秸秆添加剂调制技术

秸秆加工调制过程中，通过添加微生物菌剂、酶制剂和有机酸等添加剂，加快乳酸菌繁殖，促进厌氧发酵，将玉米秸秆调制成柔软、酸香、适口性好的粗饲料。制作青贮饲料的添加剂主要有两类。一是饲料酶和微生物活菌制剂。通过增加乳酸菌初始状态数量，快速产生乳酸，缩短达到青贮所需 pH 值的时间。二是有机酸（甲酸、乙酸等）。在短时间内，降低青贮原料 pH 值，使乳酸菌大量繁殖，抑制其他有害菌生长。

（一）技术要点

1. 适时收获

选用玉米籽实收获后的新鲜秸秆，不能混入霉变秸秆和沙土等杂质。

2. 添加剂的制备

①菌种复活及菌液配制。按照处理秸秆量复活菌种（依据产品说明使用），当天用完。以处理 1 吨秸秆需要的菌液为例：将菌种（一般处理 1 吨秸秆需菌种 3 ～ 5 克）加入 1000 毫升糖水中（浓度为 1%），常温下（25℃左右）放置 1 ～ 2 小时（夏季不超过 4 小时，冬季不超过 12 小时），使菌种复活。将复活好的菌剂倒入 10 ～ 80 千克清洁水中，搅拌均匀，制成喷洒用的菌液备用。

②酶制剂稀释与准备。按照当天处理的玉米秸秆量，依据产品使用说明，确定使用酶及稀释物的数量，当天用完。通常处理 1 吨秸秆需青（黄）贮饲料专用酶 1 千克（高浓度酶制剂用量为 100 克）、人工盐 4 ～ 5 千克、麸皮或玉米面 10 千克，将饲料酶、人工盐、麸皮或玉米面充分混合后备用。

③有机酸的准备。一般情况下，处理 1 吨玉米秸秆需添加有机酸 2 ～ 4 千克。具体用量参照产品使用说明。

3. 切碎

将玉米秸秆切碎至 1 ～ 2 厘米为宜。

4. 填装压实

将切碎的填装入青贮窖中，秸秆逐层平铺、压实，尤其要注意将四周及四角压实。

5. 水分调节

加工调制过程中，要检查秸秆含水量是否适宜，并根据情况进行适当添加，一般含水量要求在 65% ～ 70%。

6. 加入添加剂

每压实一层，在表面均匀喷洒一层制备好的添加剂。乳酸菌、有机酸用农用喷雾器进行喷洒，酶制剂手工均匀撒开。

7. 密封

玉米秸秆填装至高出窖口 40 ~ 50 厘米、呈馒头状时，表面足量均匀喷洒添加剂，覆盖塑料薄膜，覆土 30 ~ 50 厘米。

8. 取用

玉米秸秆经 40 天发酵后即可取用，取完后要用塑料薄膜将开口封严，尽量减少与空气接触，防止二次发酵、霉变。每次按照 1 ~ 2 天饲喂量取用。

（二）特点

①提高秸秆采食量。玉米秸秆经生物发酵后，可增加其营养成分，改善适口性，提高采食量和采食速度。与未处理的秸秆相比，采食速度提高 40% 以上，采食量增加 20% 以上。

②提高秸秆消化利用率。在微生物和酶的共同作用下，提高了粗纤维消化利用率。

③延长贮存期。添加有机酸后，秸秆不易发生霉变，可长期保存。

（三）成效

秸秆添加剂制作青贮饲料操作简便，安全可靠，使用方便。据测算，经过添加剂加工处理后，5 千克玉米秸秆相当于 1 千克玉米的营养价值。与饲喂未处理的玉米秸秆相比，肉牛日增重提高 30% 以上。

（四）案例

玉米秸秆添加剂贮存技术可有效提高玉米秸秆饲料发酵质量，改善适口性，提高饲料转化率，育肥效果较好。严平等（2008 年）玉米秸秆微贮饲料育肥肉牛试验结果表明：与未处理秸秆相比，饲喂微生物处理后的玉米秸秆，肉牛日增重提高 64.7%，日采食量提高 29.9%，每增重 1 千克节省精饲料 0.77 千克，经济效益显著。

四、稻草青贮加工利用技术

我国是水稻种植大国，种植区域广泛，播种面积和总产量均居粮食作物之首。据统计，2011 年全国稻草产量（按谷草比估算）约 2.66 亿吨。稻草来源广泛，价格低廉，作为粗饲料已普遍应用于肉牛养殖业，主要加工成干草、草捆和草块。但堆放贮藏时，受日晒、高温、雨淋等影响，易引起腐败、霉变，营养物质损失较大，影响饲喂效果。利用青贮技术对及时收获的鲜稻草进行加工调制，可最大限度地保存稻草营养成分，提高适口性、采食量和消化利用率，增加肉牛养殖经济效益。

（一）技术要点

①原料收获。水稻抽穗后 50 ~ 60 天，谷粒全部变硬，穗轴上下干黄，达到完熟时进

行收割。此时茎秆含水量30%～35%，及时收获可保证较好的青贮品质。稻草应在晴好天气收获，并立即运输至青贮制作地点（图2-7）。

图 2-7 机械化收获稻草

②铡短。将原料用铡草机铡短至5～10厘米，装入青贮窖（图2-8）。

③调节水分。根据原料含水量，补充适量水分，含水量调节至60%～65%。实际操作中，取一把切碎压实过的稻草稍经揉搓，然后用力握在手中，若手指缝中有水珠出现，但不成串往下滴，则原料中含水量适宜；若握不出水珠，则水分不足；若水珠成串滴出，则水分过多（图2-9）。

④压实。原料每装填30～50厘米厚，需摊平分层压实（图2-10）。可用四轮拖拉机、链轨拖拉机或装载机来回镇压，彻底排出原料中的空气。

图 2-8 铡短稻草　　　　　图 2-9 调节稻草水分

图 2-10 机械压实　　　　　图 2-11 添加酶制剂

⑤加入添加剂。分层压实过程中，可同时均匀喷洒青贮调制添加剂（图2-11）。具体使用方法见表2-2：

表2-2　稻草青贮调制添加剂使用方法

名称	用量	使用方法
乳酸菌	每1000千克稻草需2.5克乳酸菌活菌	将2.5克乳酸菌溶于10%的200毫升白糖溶液中配制成复活菌液，再用10～80千克的水稀释后，均匀喷洒在原料上
有机酸	每1000千克稻草添加2～4千克有机酸	直接喷洒在原料上
饲料酶	每1000千克稻草添加0.1千克青贮专用饲料酶	用10千克麸皮或玉米面等稀释后，再与原料均匀混合

注：各种添加剂用量和使用方法应以产品说明为准

⑥封窖。原料装填至高出窖沿50～60厘米后，铺上塑料薄膜，覆土密封。

⑦取用。经密封发酵45天后即可开窖使用。开窖时，从一端沿横截面开启，从上到下切取，按照每天需要量随取随用，取后立即遮严取料面，防止暴晒。优质稻草青贮料为黄绿色，具有酸香味（图2-12、图2-13、表2-3）。

表2-3　稻草青贮与干稻草营养成分表

种类	指标									
	DM(%)	Ash(%)	Ca(%)	P(%)	EE(%)	CP(%)	CF(%)	ADF(%)	ADL(%)	NDF(%)
稻草青贮	94.98	15.58	0.16	0.12	1.04	3.96	38.35	46.57	5.83	63.79
干稻草	94.89	10.64	0.2	0.07	1.17	3.91	39.07	49.33	6.39	66.67

图2-12　稻草青贮效果

图2-13　稻草青贮饲喂肉牛

⑧饲喂。青贮稻草应与其他饲草、饲料搭配混合饲喂。育肥牛稻草青贮分阶段育肥日粮配方见表2-4。

表2-4　育肥牛稻草青贮分阶段育肥日粮配方（推荐配方）

体重范围（千克）	精饲料				粗饲料		
	浓缩料（%）	玉米（%）	麸皮（%）	日饲喂量（千克）	稻草秸秆（%）	稻草青贮（%）	日饲喂量（千克）
350～400	30	60	10	5	14	86	14
400～450	30	60	10	6	14	86	14
450～500	30	60	10	7	14	86	14

（二）特点

①加工方法简便、适用范围广。稻草青贮成本低、易贮存、占空间小，可保证全年均衡供应。

②保存养分多。与干稻草比，青贮稻草可较好地保存新鲜秸秆的营养成分，提高了消化利用率。

③饲喂效果好。稻草青贮柔软、酸香、适口性好，饲喂肉牛增重效果明显。

（三）成效

宁夏引黄灌区盛产稻草，稻草利用主要以晒制干草为主，营养成分和适口性较差，影响了肉牛育肥效果。2011年以来，宁夏畜牧站在引黄灌区规模肉牛场加工调制稻草青贮6000吨，示范推广稻草青贮饲喂技术，稻草适口性明显改善，消化利用率显著提高。青贮稻草粗纤维、酸性洗涤纤维、酸性洗涤木质素和中性洗涤纤维分别降低0.72%、2.76%、0.56%和2.88%。稻草青贮技术的示范和推广，提高了稻草秸秆利用率，降低了饲养成本，增加了农民养殖效益。

（四）案例

银川市贺兰山农牧场十三队金玉林肉牛养殖场，2011年存栏肉牛235头。其中，育肥牛185头，基础母牛50头，年出栏育肥肉牛400多头。建场以来，肉牛粗饲料一直以干稻草为主。2011年10月，该场制作稻草青贮1500吨，并开展稻草青贮饲喂育肥肉牛对比试验。经60天试验，结果表明：饲喂稻草青贮＋精补料日粮组比饲喂干稻草＋精补料日粮组，育肥肉牛头均日增重、增重盈利分别提高0.22千克和442元。

第二节 青饲料加工利用技术

一、王草青贮技术

王草又名皇草、皇竹草，是由美洲狼尾草（珍珠粟）和紫狼尾草（象草）杂交育成的一种多年生禾本科优质牧草。具有适应性广、耐高温、易栽培、产量高、营养丰富、适口性好、消化利用率高等特点，每公顷鲜草产量 300 吨以上，最高可达 450 吨，我国长江以南地区广泛栽培。

（一）特性

王草形似甘蔗（图 2-14），株高 1.5～4.5 米，茎粗 1.5～3.5 厘米，单株具有 15～35 个节，节间长 4.5～15.5 厘米。夏季温度越高、雨量越大，生长速度越快。冬季植株少开花，保持青绿，温度达到 10℃时开始生长，20℃以上生长加快。最适宜生长温度为 25～33℃，0℃以上能正常越冬，低于 -7℃时，易死亡。

图 2-14 王草

王草营养价值因地区、收割时期、季节、生长年限等不同，而有所差异见表 2-5、表 2-6。

表 2-5 不同生长年限王草常规营养成分表

生长年限	粗蛋白质（%）	粗脂肪（%）	粗灰分（%）	钙（%）	磷（%）
第 1 年	14.85	1.34	14.12	0.56	0.18
第 2 年	13.23	1.88	13.93	0.53	0.22
第 3 年	11.57	2.10	13.89	0.54	0.20

注：陈勇、罗富成等（2005 年）对昆明市富民县生长到 1 米高时刈割的不同生长年限王草营养成分实际测定

表 2-6 王草青贮料营养成分

指标	干物质（%）	有机质（%）	粗蛋白质（%）	粗纤维（%）	钙（%）	磷（%）
青贮王草	29.20	91.06	5.90	34.70	0.47	0.36

注：谢国强等（2001 年）对生长高度在 1.8 米左右的王草刈割制作成青贮料测定

（二）栽培

王草在长江中下游地区可选择春季 3 ～ 4 月进行栽种，海南、广东、广西壮族自治区（以下称广西，后同）等省全年均可栽种。选择新鲜、粗壮、无病害的茎作为种茎，2 ～ 3 节切为一段作为种苗。选择土层深厚、疏松肥沃、排水良好、向阳的土壤进行栽培。种前深耕 30 ～ 40 厘米，清除杂草、石块等物，平整土地，开穴，株行距 40 厘米 × 45 厘米，穴深 25 ～ 30 厘米，穴中施入腐熟农家肥作基肥。栽植时，将种苗斜插于穴内盖土，腋芽露出土面，每穴用种苗两段。苗期经常浇水，以根部滋润为原则。苗高 50 厘米左右开始进行 1 ～ 2 次中耕除草，追施一次农家肥，促进种苗分蘖、生长。作为肉牛青粗饲料利用时，1 年可刈割 4 ～ 6 次，即植株高度为 1.3 ～ 1.7 米时进行刈割，每次留茬高度以 15 厘米为宜，过低会影响其再生性。为了减少病害的发生，应避免在雨天刈割。每次刈割后，结合松土，施一次氮肥（每公顷 225 ～ 300 千克）或人畜粪肥，以提高种苗的再生能力。入冬前最后一次刈割后，以施腐熟农家肥为主，保证茎秆能顺利越冬和来年再生。

（三）青贮加工

1.青贮设施

通常采用青贮窖（池）（图 2-15）和塑料袋（图 2-16）两种方式贮藏。

青贮窖（池）有地下式、半地下式和地上式 3 种，根据当地地下水位高低决定。青贮窖（池）大小，应根据养殖数量、饲喂量和栽培面积确定。目前，建长方体青贮窖（池）较多，长宽高比为 4∶3∶2，窖（池）底部应留排水口。

图 2-15 青贮窖（池）

青贮塑料袋多使用聚乙烯材料，厚度 0.08～0.10 毫米，每袋贮存王草 30～40 千克。堆放时，每隔一定高度放一块隔离板，最上层用重物压住。袋装青贮具有省工、投资小、操作简便、贮存地点灵活等特点，特别适合农村养殖户。

图 2-16　袋贮

2. 制作过程

适时收割：当王草高度达 1.5～2.0 米时刈割。

调节水分：刈割后晾晒 1 天左右，水分降至 60%～75% 为宜。

铡短：用铡草机将晾晒好的王草切短至 1～3 厘米（图 2-17）。

图 2-17　铡短王草

贮存：青贮窖（池、壕）四周铺塑料薄膜，将铡短的王草及时逐层装入，每装填约 30 厘米厚，压实并加入尿素（0.3%～0.5%）、食盐（1%～2%）和发酵菌等，然后继续装填压实，特别要注意压实四角和四壁。

密封：装填压实至高出青贮窖（池、壕）口 50～60 厘米时，用塑料布盖严，覆土 15～20 厘米。从开始制作到封窖最好在 3 天内完成。

王草青贮经过 40 天左右完成发酵，即可取出饲喂肉牛。良好的王草青贮饲料为黄绿色，具有酸香味，茎叶分明、松散，叶脉清晰，pH 值为 3.9～4.3。

饲喂：王草青贮可饲喂母牛、育成牛及育肥牛。饲喂时，适当添加一定比例混合精料及干草，有利于提高肉牛干物质采食量，降低饲料成本，提高增重速度和经济效益。推荐精料配方为：玉米56%，麦麸20%，米糠10%，豆粕5%，食盐1%，石粉2%，磷酸氢钙1%，牛专用预混料1.5%，尿素1.5%，小苏打2%。每日早晚饲喂，日饲喂精料2.0～2.5千克，青贮王草6.8～8.5千克（图2-18）。

图 2-18 王草青贮效果

（四）特点

①王草粗蛋白质、无氮浸出物和总能含量较高，1次栽种可多年收割，1年可多次收割。

②王草含糖量高，青贮效果较好。制作青贮饲料时添加尿素可增加粗蛋白质含量，提高育肥效果。作为冬季补饲料，可解决放牧育肥增重缓慢、效益较低的问题。

③南方地区雨季牧草吃不完，旱季无草吃，饲草供应不平衡，限制了肉牛生产水平和经济效益的提高。青贮王草可以有效解决南方山区和半山区冬季青粗饲料严重不足问题。

（五）成效

近年来，海南省大力推广王草种植、青贮利用技术，有效解决了因大面积种植热带瓜菜、水果及经济作物引起的草坡、草地大面积减少，冬天青草缺乏，肉牛养殖数量下降等问题。目前，全省栽培王草700公顷以上，带动4000多户农户养殖肉牛，养殖效益显著提高。

（六）案例

海南省畜牧技术推广站2008年开始，推广王草青贮加工、利用技术，以青贮王草为主要粗饲料，适当添加青草和混合精料，饲养母牛及杂交一代和育成牛，饲喂效果较好。

母牛：青贮王草8～9千克，青草4～5千克，干草2～2.5千克，混合精料1～1.5千克。母牛发情正常，泌乳性能较好。犊牛生长较快，6月龄平均体重比放牧犊牛重6～10千克。

育成牛：海南海荷牛业发展有限公司养殖基地，利用青贮王草饲喂海南和牛（日本和牛与本地黄牛杂交）育成牛，平均每头每天饲喂青贮王草9～10千克，干稻草4～5千克，混合精料 1 ～ 1.5 千克。12 月龄平均体重 200 ～ 250 千克，比农户放牧育成和牛平均体重高 20 ～ 30 千克。

二、桂牧1号象草青贮技术

桂牧 1 号象草是以美国引进的杂交狼尾草为母本、矮象草为父本进行有性杂交，经多年培育而成的一种多年生高产优质牧草，适合于热带、亚热带栽培。具有柔软多汁、适口性好、营养价值高（干物质中粗蛋白质含量 12.0% ～ 14.2%）、产量大、利用年限长、繁殖性能好等特点，在中国的广西、江西、广东、湖南、四川、贵州、云南、福建、台湾等地大面积栽培，是南方地区肉牛重要的青绿饲料。

（一）特性

桂牧 1 号象草植株高大（图 2-19），株高 2 ～ 3 米。根系发达，具有强大伸展的须根，多分布于深 40 厘米左右的土层中。茎直立、有节，直径 1.5 ～ 2.0 厘米，在温暖潮湿季节，中下部的茎节长出气生根。分蘖多，通常达 50 ～ 150 个。叶长 100 ～ 120 厘米、宽 4.8 ～ 6.0 厘米，叶面具茸毛。花序呈圆锥状、黄褐色或黄色，长约 15 ～ 30 厘米。热带地区种子成熟时容易脱落，种子发芽率很低，采取播种的实生苗生长极为缓慢，一般利用种茎繁殖。

图 2-19 桂牧 1 号象草

桂牧 1 号象草喜温暖湿润气候，适应性广，耐轻霜，不耐严寒。气温 12 ～ 14℃时开始生长，23 ～ 35℃时生长迅速，8 ～ 10℃时生长受抑制，5℃以下时停止生长。对土壤要求不高，沙土、黏土和微酸性土壤均能生长，但以土层深厚、肥沃疏松的土壤最为适宜。桂牧 1 号象草一般可利用 4 ～ 6 年，如栽培管理得当，可利用 7 ～ 10 年。每年收割 6 ～ 8 次，生长旺季每隔 25 ～ 30 天收割 1 次，每公顷年产鲜草 75 ～ 150 吨，最高达 450 吨。桂牧 1 号象草干物质中营养含量见表 2-7。

表 2-7　桂牧 1 号象草干物质中营养含量

营养成分	粗蛋白质（%）	粗脂肪（%）	粗纤维（%）	无氮浸出物（%）	粗灰分（%）	钙（%）	磷（%）
含量	14	2.32～4.60	23.10～28.88	34.10～49.38	12.55～24.19	0.25～0.95	0.11～0.52

注：数据来源于广西畜牧兽医研究所

（二）栽培

①集中育苗。选择适宜土地做苗床地，以牛粪作为基肥，每亩施用量 5 吨左右。3 月初起窖，将种茎每 3～5 节切成一段，并密集排放到苗床地，覆盖 3～5 厘米厚的细土，洒水浇透，覆盖地膜。种茎基本发苗后，揭去地膜，每公顷施尿素 90～120 千克（土壤潮湿）或浇施沼液 500～1000 千克（土壤干燥），苗芽生长到 10～15 厘米时，进行大田移栽。

②整地。整地前施足牛粪，每亩施肥量为 6～8 吨，深耕耙细整平。

③移栽。按行距 80～90 厘米开行沟，沟深 6～7 厘米，株距 50～60 厘米，进行移栽。一般选择降雨前或阴雨天气时移栽。

④管理。移栽苗成活后 5～7 天，每公顷追施尿素 75～90 千克。春季杂草多，要进行 1～2 次中耕锄杂。干旱期及时灌溉，初霜前完成最后一次刈割。

⑤宿根越冬。入冬前每公顷施腐熟的畜粪 75～120 吨覆盖根部，确保宿根安全越冬。

⑥种茎贮藏。从见初霜日开始，及时收割种茎，茎秆直接贮藏。贮藏位置要选择地势较高、背风向阳的斜坡。贮藏窖宽 3.0～3.5 米，长度依种茎数量而定，深度 30～40 厘米，种茎堆放时高出窖沿 30～40 厘米。种茎堆放后，先盖一层象草稍叶或稻草，再用土覆盖，盖土厚度 5～10 厘米。窖四边挖排水沟，防止雨水渗透。经常检查贮藏情况，发现渗水严重时，应及时覆土。天气干燥时洒水浇湿覆盖种茎的土壤，保持一定的湿度。如遇严冬，可用薄膜覆盖窖面，提高抗冻效果，气温回升要及时揭开。开春后气温升高时耙薄盖土，避免种茎高温烧窖。

（三）利用

1. 青饲

在江西，桂牧 1 号象草生长利用期为 4～11 月，而 4～6 月是多雨季节，7～9 月是高温季节，10 月份以后天气逐渐转凉，是牛育肥的最佳季节。因此，根据桂牧 1 号象草生长特性，结合育肥牛不同的阶段的营养需要及环境气候对其生长发育影响要求，科学合理地利用桂牧 1 号象草饲喂育肥牛，可获得较好的养殖效益，育肥牛日粮组成可参考表 2-8。

表2-8 不同阶段育肥牛参考日粮组成

刈割茬次（次）	育肥前期（体重250千克以下）				育肥中期（体重250～500千克）				育肥后期（体重500千克以上）			
	精饲料（千克）	糟渣类（千克）	桂牧1号（千克）	稻草（千克）	精饲料（千克）	糟渣类（千克）	桂牧1号（千克）	稻草（千克）	精饲料（千克）	糟渣类（千克）	桂牧1号（千克）	稻草（千克）
1～2	1～2	3～5	5～10	1～2	3～5	8～12	10～20	1～2	6～8	8～12	8～10	1～2
3～4	0.5～1	2～4	15～25	0	2～3	6～8	20～30	0	3～4	8～10	25～30	0
5	1～2	3～5	10～15	0	3～5	8～12	15～25	0	6～8	8～12	10～15	0

第一茬：桂牧1号象草每年第一次利用一般在4月下旬，此时牧草生长旺盛，水分含量高，草质细嫩，适口性好，草丛高度50～60厘米，不需加工处理即可直接喂牛（图2-20）。此时刈割有利于桂牧1号象草分蘖和抗倒伏，提高产草量。初喂时，采取逐渐增加桂牧1号象草日喂量，至15天后达到正常采食量，每日每头牛补喂稻草1～2千克（图2-21）。

第二茬：一般在5月中下旬，正值江西多雨季节，牧草生长迅速，草丛高150～180厘米，收获后利用铡草机切短即可饲喂。

第三茬、第四茬：第三茬一般在7月上中旬，草丛高200～250厘米刈割利用；第四茬在9月上旬，草丛高180～250厘米时刈割利用。此时，桂牧1号象草叶量多，茎秆粗壮，收获后要用揉搓机切细再饲喂。育肥牛日粮以桂牧1号象草为主，可饲喂至占日粮干物质采食量的70%～80%或自由采食，不饲喂稻草。

第五茬：一般在11月下旬，草丛高度200～250厘米，刈割后需用揉搓机切细后再饲喂。此时，江西进入秋季，气温逐渐转凉，天气干燥，蚊蝇减少，非常适合架子牛育肥。育肥牛日粮中桂牧1号象草饲喂量逐渐减少，适当增加精饲料和糟渣类饲料喂量，不喂稻草。

图2-20 桂牧1号象草收割　　　图2-21 桂牧1号象草饲喂肉牛

2. 青贮

桂牧1号象草青贮适宜在7月中旬至11月下旬。在草丛高度达200～250厘米刈割青贮，并将象草铡短揉搓至2～3厘米，水分控制在60%～75%。目前，主要采取拉伸膜裹包和青贮窖青贮两种方式。

拉伸膜裹包青贮：利用打捆机、包膜机进行裹包青贮。拉伸膜青贮料质量取决于原料品质、不良微生物抑制程度及拉伸膜性能。为保持青贮料的高密度，裹包前应用揉搓铡草机对饲草秸秆精细加工，使之成为柔软的丝状物。贮存期间，要注意定期检查包膜是否有破损，并防止鼠害。出现破损应及时用塑胶布封好，以免空气和雨水侵入，影响青贮品质（图2-22）。

图 2-22 桂牧 1 号象草裹包青贮

青贮窖青贮：以长方形青贮窖为宜。将株高200～250厘米的桂牧1号象草铡短至2～3厘米，分层装贮，装一层，压一层，层层压紧。青贮料要高出池口30～50厘米，顶部呈圆弧形，用塑料薄膜覆盖，四周封严，再压上重物如砖块、泥土等。贮后要经常检查，如有下沉，要及时加土封满。 青贮料在贮后50～60天就可取用，取料时应一层一层往下取，切忌掏洞，取后迅速用薄膜封严，当天取当天用。取料利用前需检查青贮料品质，品质较好的青贮象草质地松软，颜色为青黄或黄褐色，有酸香味。饲喂时间为每年12月至翌年2月底。饲喂量逐渐增加，一般经过7～10天增加到正常饲喂量。育肥前期，每头牛每日采食5～8千克。育肥中期，每头牛每日采食8～15千克。育肥后期，每头牛每日采食3～5千克（图2-23）。

图 2-23 桂牧 1 号象草窖贮

（四）特点

①桂牧1号象草加工利用技术简单实用、可操作性强，农民易于掌握。

②桂牧1号象草属碳四（C_4）植物，光合作用效率高，非常适合南方夏季高温干旱、丘陵红壤地区栽培，抗逆性强，生物产量高。

③桂牧1号象草青贮效果好，青贮后可改善其适口性和消化率。在青贮过程中添加尿素等物质可提高其营养价值。另外，桂牧1号象草在8月份青贮时，正值江西花生藤生产高峰期，与新鲜花生藤混合青贮，可提高象草或花生藤青贮的效果与青贮料的质量。

④南方夏季（6～8月份）高温高湿的气候条件对育肥牛生长影响较大，生长缓慢。夏季以桂牧1号象草为主的育肥牛日粮，可减少精饲料、糟渣类饲料的饲喂量，降低养殖成本，提高肉牛养殖效益。

（五）成效

①桂牧1号象草利用期长，合理搭配冷季型多花黑麦草，并通过桂牧1号象草加工青贮，能有效解决牧草利用季节性强、四季均衡供应难的问题，保证牧草全年均衡供应。

②桂牧1号象草生长旺盛，产草量高，能大量消纳养殖粪污，减少粪污对环境的污染。同时，牛粪污还地利用，有效增加土壤肥力，提高牧草产量，实现资源循环利用，提高综合效益。

③由于拉伸膜裹包青贮技术日趋成熟，该技术的推广应用有利于实施从刈割到饲喂全程机械化，提高劳动生产效率。不仅解决肉牛育肥场的青饲料供应的需要，而且能充分利用桂牧1号象草高产特点，加工生产青贮草产品，进行牧草产业化生产，满足市场需求。

（六）案例

高安市裕丰农牧有限公司现有标准化牛舍4000平方米，附属设施3000平方米。配套牧草加工设施有：青贮窖4个共1800立方米，拖拉机、割草机、青贮打包机等设备10多台套。牧草种植面积约80公顷，其中种植春季牧草——桂牧1号象草40公顷，用于种茎生产繁殖地7公顷左右。年产桂牧1号象草鲜草1.2万吨，其中青贮加工4000吨，包括窖贮900吨、裹包青贮3100吨。其他土地用于种植秋季牧草（主要是黑麦草），黑麦草年产鲜草在1800吨左右，累计年鲜草产量达1.38万吨，收入可达40余万元。每头牛每年鲜草采食量在3吨左右，可养殖育肥牛4500头左右，每年除满足本场饲养的2500～3000头育肥牛利用外，每年向周边养牛场出售裹包青贮3000吨左右。

桂牧1号象草适应性强，耐瘠、耐旱，植株高大、产量高等优势，是江西乃至南方省区种草养牛的主要推广品种，2011年江西全省推广种植桂牧1号象草约9333公顷。同时，桂牧1号象草种植消纳了大量牛粪，减少粪污对环境的污染，实现资源的循环利用。

三、苜蓿青贮加工利用技术

苜蓿有"牧草之王"美称,蛋白质含量高,营养价值好,饲喂肉牛增重效果显著。目前,苜蓿加工调制主要采取晾晒、烘干等方法,产品以青干草草捆、草颗粒、草块为主。晾晒过程中,由于气候等因素影响和贮存措施不到位,营养损失较大(粗蛋白质损失 5 ~ 8 个百分点)。烘干方法能够保证产品质量,但设备昂贵,能源消耗大,生产成本高,适用范围有限。采用苜蓿青贮技术,可有效保存苜蓿营养成分,减少损失,而且适口性好、消化率高、保存期长。采用拉伸膜裹包贮存的青贮苜蓿,可进行远距离运输,实现商品化生产和销售。

(一) 技术要点

目前,宁夏示范推广的苜蓿青贮加工调制方法主要有青贮窖青贮和包膜青贮两种。

1. 苜蓿(窖贮)青贮制作

以鲜苜蓿为原料,按照"适时收获→适当晾晒(调节含水量)→搂集→切碎→装入青贮窖(池)→压实→密封"流程,加工调制优质苜蓿青贮。装压时,可按比例加入乳酸菌、纤维素酶和有机酸等饲草调制添加剂。

①适时收获。收获时间一般在初花期(20% 开花)进行刈割,因天气、设备和劳力等因素影响,刈割时间可从初花期提前至现蕾期(图 2-24、图 2-25)。

图 2-24 现蕾期至初花期苜蓿　　　　　图 2-25 机械适时收获

②适度晾晒。刈割后,通过晾晒,调节苜蓿含水分量至 45% ~ 55%。晾晒时间根据当地气候条件和天气等因素确定,天气晴好时一般晾晒 8 ~ 24 小时,干旱地区晾晒时间可缩短至 8 ~ 12 小时。检查含水量以苜蓿晾晒至叶片发蔫不卷即可,含水量过高、过低,对苜蓿青贮质量均有影响。晾晒好的原料要及时运送到青贮制作地点(图 2-26、图 2-27)。

图 2-26 晾晒苜蓿鲜草　　　　图 2-27 含水率 50% 左右的苜蓿

③铡短。将苜蓿原料用铡草机切短至 2～5 厘米（图 2-28、图 2-29）。

图 2-28 晾晒后铡短　　　　　图 2-29 大型机械捡拾铡短

④贮存。将原料装入青贮窖，每装填约 30～50 厘米厚，立即摊平、压实。为了提高青贮苜蓿品质，可加入适量饲草调制添加剂，见表 2-9。原料高出窖沿 50～60 厘米后，上铺塑料薄膜，覆土密封。

表 2-9　苜蓿青贮调制添加剂使用方法

名称	用量	使用方法
乳酸菌	每 1000 千克苜蓿需 2.5 克乳酸菌活菌	将 2.5 克乳酸菌溶于 10% 的 200 毫升白糖溶液中配制成复活菌液，再用 10～80 千克的水稀释后，均匀喷洒在原料上
有机酸	每 1000 千克苜蓿添加 2～4 千克有机酸	直接喷洒在原料上
饲料酶	每 1000 千克苜蓿添加 0.1 千克青贮专用饲料酶	用 10 千克麸皮或玉米面等稀释后，再与原料均匀混合

注：各种添加剂用量和使用方法应以产品说明为准

青贮窖大小根据肉牛饲养量确定,每立方米容量700～800千克,每头育肥牛每年需苜蓿青贮饲料600千克。

饲养规模较小的场(户),可挖掘土质青贮窖,周围用塑料薄膜覆盖,池宽3米以上,池深根据地下水位高低确定,一般不超过2米(图2-30至图2-33)。

图2-30 小型机械压实

图2-31 大型机械压实

图2-32 覆盖塑料薄膜

图2-33 覆土密封

2. 包膜苜蓿青贮制作

包膜苜蓿青贮收获、晾晒、搂集和切碎与苜蓿(窖贮)青贮制作方法相同,打捆和包膜采用专用设备。切碎打捆时,可添加乳酸菌、纤维素酶和有机酸等饲草调制添加剂。

①打捆。将切碎的原料装入专用饲草打捆机中进行打捆(每捆重量约50～60千克)。

图2-34 苜蓿打捆

图2-35 苜蓿包膜

如需加入饲料添加剂，打捆前应与切碎的原料混合均匀（图 2-34）。

②包膜。打捆结束后，从打捆机中取出草捆，将草捆平稳放到包膜机上，然后启动包膜机用专用拉伸膜进行包裹。包膜圈数为 22 ～ 25 圈（保证包膜在两层以上）（图 2-35）。

③堆放。包膜完成后，从包膜机上搬下已经制作完成的包膜草捆，堆放整齐。堆放时不超过三层，地点应避光、远离火源，并预防鼠害。搬运时要小心，避免扎破、磨坏包膜，造成漏气。如发现包膜破损，应及时用胶布粘贴，防止因漏气导致苜蓿腐败。

3. 取用

窖贮苜蓿，一般密封发酵 45 天后即可开窖使用。开窖时，应从窖的一端沿横截面开启，从上到下切取。按照每天需要量，随用随取，取后立即遮严取料面，防止暴晒。

包膜青贮一般需 50 ～ 60 天方可开包使用。饲喂时，将外面包裹的塑料膜、网或绳剪开即可。取喂量应以当天喂完为宜。

优质青贮苜蓿茎、叶形态分明，色泽呈暗绿色，气味酸香，无霉变（图 2-36）。

图 2-36 苜蓿青贮效果

4. 饲喂

苜蓿青贮应与其他饲草料搭配混合饲喂。推荐日粮配方见表 2-10。

表 2-10　育肥牛苜蓿青贮分阶段育肥日粮配方

体重范围（千克）	精饲料				粗饲料			
	浓缩料（%）	玉米（%）	麸皮（%）	日饲喂量（千克）	秸秆（%）	苜蓿青贮（%）	玉米青贮（%）	日饲喂量（千克）
350 ～ 400	30	58	12	3.8	50	25	25	4.7
400 ～ 450	28	62	10	4.2	50	25	25	5
450 ～ 500	25	70	5	4.5	50	25	25	5

（二）特点

①能在最佳收获期进行适时、集中收获，最大限度地减少牧草营养成分损失，提高苜蓿产量和品质。

②加工调制受气候、天气影响较小，减少损耗。包膜青贮苜蓿便于长距离运输和商业化生产。

③苜蓿青贮消化率高，适口性好，保存期长，可保证青绿饲料的常年供应。

（三）成效

2009年以来，宁夏畜牧工作站在固原等18个市、县（区）示范推广了苜蓿青贮技术。加工制作苜蓿青贮饲料3.5万吨，其中包膜苜蓿青贮1万吨。制定了《青贮苜蓿调制技术规程》和《饲草包膜青贮加工调制技术规程》两项地方标准。据测定，宁夏南部山区现蕾期到初花期收获的苜蓿，经青贮调制，粗蛋白质达到18%～22%，比传统加工调制方式高6%～10%，达到了优质苜蓿品质要求。

（四）案例

2009年以来，固原市原州区富源肉牛养殖专业合作社在宁夏畜牧工作站指导下，先后制作苜蓿青贮饲料300多吨。2011年7月，开展了苜蓿青贮饲喂育肥肉牛对比试验。经90天育肥，结果表明：两个试验组"苜蓿青贮＋玉米青贮"和"苜蓿青贮＋玉米秸秆"，平均日增重分别达到1.31千克和1.18千克，对照组"苜蓿干草＋玉米秸秆"日增重达到0.89千克，试验组比对照组日增重分别高0.42千克和0.29千克，提高47%和32.8%，头均新增纯收入655元和580元。苜蓿青贮对肉牛育肥具有明显的增重效果。2011年底，合作社肉牛饲养量2850头，户均饲养肉牛11.7头、总收入2.4万元。其中，养牛收入2万元，占总收入的83.3%。

第三节 糟渣类饲料加工利用技术

一、酒糟贮存加工技术

酒糟及其残液干燥物（DDGS）是酿酒和酒精工业的副产品，饲喂肉牛已经有几十年历史。目前，广泛使用的酒糟种类有两种。一种是谷物酒糟，主要以玉米、高粱、糯米等各种谷物为原料，生产酒精或酿造白酒、米酒的副产品。据统计，2011 年我国白酒糟产量约 2500 万吨。另一种是啤酒糟，主要以大麦和大麦芽为原料，经过糖化工艺发酵后产生的滤渣。

（一）技术要点

酒糟水分含量高（60% 以上），易发酵变质、孳生虫蝇，污染环境，短期内难以充分利用，一般酒厂都作为废弃物处理。采用科学方法，将酒糟进行加工贮存，可有效提高饲料资源利用率，减少环境污染。酒糟由于营养成分不同，处理方法也不一样。

1. 谷物酒糟贮存加工方法

①干燥法。主要通过晾晒或烘烤，使酒糟水分含量降至 15% 以下，所得产品称为干酒糟，保存时间较长。晾晒时选择晴天将酒糟薄摊于水泥地面上，成本低，污染少，需要较大的场地，空气湿度大时晾晒时间较长，该方法适合小批量酒糟处理。烘烤方法需要专用设备、工艺进行处理。优点是处理量大、产品率高、饲用价值好，环境污染小，但能耗较大，设备投资和运行费用较高。

②窖贮法。将酒糟放入窖池内，压实密封，形成厌氧环境，抑制腐败菌繁殖。窖池一般选在地势干燥、地下水位低的地方，大小根据养牛规模、原料数量确定（可利用青贮窖和氨化池）。装窖时，在窖底铺一层干草或草袋子，窖壁周围可铺无毒塑料薄膜或草席子，然后把酒糟装入窖内，装一层踩实一层，直至把窖装满。封窖时窖顶呈馒头形，顶部覆盖一层草，并盖上塑料薄膜，用土（30 厘米厚）压实、压紧。

③微贮法。参照秸秆微贮的方法，在每吨酒糟中（含水量 70% ～ 80%）加入长度 3 ～ 5 厘米秸秆或干草 330 千克，按秸秆发酵活干菌的操作规程，每袋菌剂（3 克）处理 1.5 吨酒糟，分层装窖，喷洒压实后，在最上面均匀撒上少许盐粉（每平方米 250 克），再压实，用塑料薄膜密封盖土，保质期为 9 ～ 12 个月。

2. 啤酒糟贮存加工方法

①窖贮。啤酒糟由于能量、糖分较高，含水量较大（70% 以上），易酸败变质，出厂后应及时转运至养殖场，进行处理。为了提高发酵效果，每吨啤酒糟需加入 50 ～ 70 千克玉米粉、薯粉等富含淀粉辅料（也可以加入适量糖蜜）。将辅料与酒糟充分混合均匀，含水量控制在 60% 为宜（即手抓成团，有水从指间析出，但不滴出为准）。混合好的酒糟放入窖（池）内，充分压实，排出空气，用塑料薄膜密封。

②塑料袋贮存。应用塑料袋进行贮存发酵时,应选取厚而结实的塑料袋,装前做好检查,有漏洞应及时用胶带修补。贮存时应随时检查,发现漏洞及时补救以减少损失。取用后应及时密封,以免与空气过分接触,二次发酵引起酸败变质。

3. 饲喂方法

①湿酒糟。将鲜酒糟或窖贮、微贮等方法贮存的酒糟,直接拌入铡短的饲草、青贮料或精料补充料中饲喂,也可以单独饲喂酒糟。但由于湿酒糟含水量较高,使用时需注意两点:一是易降低肉牛干物质采食量,影响消化吸收率;二是易霉烂、腐败,导致酒糟变质,引发疾病,影响育肥效果(图2-37、图2-38)。

图 2-37 利用酒糟和青草饲喂肉牛　　图 2-38 利用酒糟饲喂肉牛

②干酒糟。将烘干的酒糟作为蛋白质原料,配合到精料补充料中。具有干物质含量高、使用方便等特点,可有效提高酒糟利用率。

(二)特点

酒糟含有丰富的粗蛋白质、粗脂肪、B族维生素、亚油酸、微量元素和许多未知生长因子,粗蛋白质含量比玉米高50%左右。饲喂中要注意与其他饲料合理搭配,长期、大量、单一饲喂酒糟,易引起急慢性中毒,并引发家畜其他疾病,给养殖场(户)造成经济损失。饲喂时要注意:

①定时、定量,少喂勤添。由少到多,逐渐增加,待牛只适应后再按量饲喂。突然大量饲喂酒糟,易引起急性中毒。饲喂量一般不超过日粮的20%～30%。

②鲜酒糟中残留有一定量的乙醇,还有少量或微量多种发酵产物,如甲醇、杂醇油、醛类和酸类等。饲喂时应注意观察,以防中毒。

③长期、单一饲喂酒糟,易引起慢性中毒,并引发家畜瘤胃膨胀、胃酸过多等疾病。怀孕母畜,易引发流产,应限制饲喂量。

④饲喂酒糟时,日粮中要添加玉米面、麸皮、青绿饲料、钙和维生素 A、维生素 D_3 等,防止维生素 A、维生素 D 缺乏和钙流失。

（三）成效

酒糟成本低，适口性好，营养含量丰富，容易消化，可提高家畜干物质采食量，增加日增重。改善牛肉品质，净肉率提高 3%～5%，每头牛增加收入 300～600 元。同时，减少了环境污染，降低了饲养成本，提高了资源有效利用率。

（四）案例

贵州五谷坊有机农业综合开发有限公司专门建立了酒糟烘干生产线，利用贵州茅台酒厂的酒糟生产酒糟蛋白，其产品粗蛋白质含量为 23%，粗脂肪含量为 5.2%，成本低廉，具有较强的市场竞争力，获得了较好的经济效益，同时也解决了大型酒厂因酒糟排放造成的环境污染和贵州省蛋白饲料资源短缺的问题。

贵州喀斯特山乡牛业有限公司利用贵州青酒集团生产的酒糟直接喂牛或进行微贮后喂牛，其生产的牛肉达到供港牛肉标准，每年供港肉牛达 3000 多头，取得了较好的经济社会效益。其饲喂方法是：粗料 + 鲜酒糟（或发酵酒糟）+ 精料。根据牛的体重和日增重要求，粗料日喂量在 10～25 千克；酒糟（含水量 70%～80%）日喂量在 20～40 千克；精料日喂量按牛体重的 0.7% 供给，精料配方为：玉米 68%、菜籽饼 10%、豆粕 5%、麸皮 8%、石粉 1%、磷酸氢钙 2%、食盐 1%、预混料 3.5%、碳酸氢钠（小苏打）1.5%。饲喂时精料和酒糟一起混合均匀后饲喂。

二、苹果渣与玉米秸秆混合贮存技术

我国苹果年产量约 3100 万吨，其中 20%～30% 用于果汁加工，年产苹果渣 200 万吨。苹果渣富含维生素、果酸和果糖等多种营养物质，可以直接消化利用，饲喂肉牛效果较好。但是，由于果渣含水量大（80% 以上），直接饲喂会产生腹泻现象。若不及时利用还会出现变质，影响饲喂效果。目前，苹果渣除少量直接用作饲料外，绝大部分被废弃，污染了局部环境。苹果渣与玉米秸秆混合贮存技术是将苹果渣（含有果皮、果核、果籽以及少量果肉），与切碎的玉米秸秆，在密封厌氧条件下进行发酵贮存，调制成营养价值高、适口性好的粗饲料。开发和利用苹果渣对扩大饲料资源具有重要意义。

（一）技术要点

1. 原料选择

选择切短至 1～2 厘米长的风干或收获玉米籽实后的玉米秸秆及果品加工厂 1～2 天内生产的新鲜果渣。果渣无霉变、无污染、无杂质。

2. 混合贮存比例

风干玉米秸秆与果渣混合比例为 6：4，青绿玉米秸秆与果渣混合比例为 7：3。

3. 填装压实

（1）分层填装

苹果渣含水量高，装填时应先在最底层装入约 50 厘米厚玉米秸秆，摊平、压实（特别要注意靠近窖壁和拐角的地方）。秸秆上铺约 30 厘米厚的果渣，堆实、摊平。如此往复，直到压实最上层玉米秸秆时，用塑料薄膜覆盖，覆土密封（图 2-39）。

（2）顶层覆盖

如果没有足够的果渣，可将切碎的秸秆逐层装入青贮窖中，按玉米秸秆青贮饲料制作操作，直到压实至最上层玉米秸秆时，用 60～80 厘米厚的果渣直接封顶（图 2-40）。

4. 水分和温度

制作时要注意原料混合比例，调节水分含量。在装填水分含量较低的秸秆时，需适当加水，混贮原料总含水量控制在 65%～70%。最佳贮存温度为 20～30℃，最高不超过 38℃。

5. 管理与维护

青贮池（窖）四周应有排水沟或排水坡度，窖口防止雨水流入及空气进入，如有条件可加装防护栏。

图 2-39 分层混贮　　　　　　　　图 2-40 顶层覆盖

6. 取用

苹果渣与玉米秸秆混贮存 35～45 天后即可开窖使用。开窖时，应从窖的一侧沿横截面开启。从上到下，随用随取，切忌一次开启的剖面过大，导致二次发酵。制作良好的果渣玉米秸秆混贮饲料有醇香味或果香味，玉米秸秆颜色青绿，果渣呈亮黄色。

（二）特点

苹果渣、玉米秸秆混贮饲料营养成分见表 2-11。

表 2-11　苹果渣玉米秸秆混贮饲料的营养成分

原料	干物质中含量							
	干物质（%）	粗灰分（%）	粗蛋白质（%）	粗脂肪（%）	粗纤维（%）	钙（%）	磷（%）	总能（兆焦/千克）
苹果渣	20.96	2.19	8.73	4.63	24.14	0.21	0.31	17.30
果渣秸秆混贮	26.62	15.4	7.25	1.39	32.23	0.60	0.19	15.63

注：肉牛体系饲料营养功能研究室岗位专家罗晓瑜团队实测值，总能为计算值

①通过加工调制，有效解决了鲜果渣含水量高、酸度大、适口性差、易酸败，肉牛直接饲喂难度大的问题。

②果渣里富含果胶、果糖和苹果酸，既能促进微生物发酵，又能提高秸秆青贮饲料品质，改善适口性。

③具有制作简便、保存期长、成本低廉等优点，有效提高饲料利用率。

（三）成效

推广使用果渣玉米秸秆混贮技术，一是提高了苹果渣利用率，减少污染环境。二是解决了苹果渣直接饲喂难度大的问题，提高了秸秆青贮饲料的品质，改善了适口性。三是来源广、价格低廉，通过加工和有效利用，可降低饲养成本，增加养殖效益。

（四）案例

2008年，宁夏畜牧工作站在中卫夏华肉食品公司进行苹果渣与秸秆混贮技术示范，开展了苹果渣＋秸秆混贮对肉牛育肥效果影响的饲喂试验，试验期91天。结果表明：育肥牛平均始重465千克，育肥平均末重548.2千克，平均日增重0.9千克。2009年，《果渣秸秆混贮饲料制作技术》被农业部列为"农业生产轻简化实用技术"。 目前，中卫夏华肉食品公司年加工制作苹果渣玉米秸秆混贮饲料7000吨以上。

三、玉米芯加工利用技术

玉米芯是玉米果穗脱粒后的穗轴，重量一般占玉米穗的20%～30%。我国玉米芯资源丰富，年产量3000万吨以上。长期以来，玉米芯的饲用价值没有得到开发，绝大部分用作农家燃料，造成很大浪费。近年来，随着畜牧养殖业的发展，玉米芯的饲用价值逐渐受到人们的重视，广泛用于肉牛养殖业。

玉米芯主要营养成分是纤维素、淀粉。其中，纤维素含量26%～39%,淀粉含量4%～35%。玉米芯含有17种氨基酸和Fe、Cu、Mg、Zn、Mn等矿质元素。玉米芯营养成分见表2-12。

表2-12　玉米芯营养成分表

粗蛋白质（%）	粗脂肪（%）	粗灰分（%）	粗纤维（%）	钙（%）	磷（%）	酸性洗涤纤维（%）	中性洗涤纤维（%）	酸性洗涤木质（%）
1.90～3.7	0.27～0.7	1.60～8.7	30～39.0	0.08～0.22	0.011～0.076	35.56～46.65	72.37～84.31	3.51～6.26

（一）技术要点

1.加工利用方法

（1）物理处理法

先用粉碎机粉碎成直径0.3厘米左右的颗粒，饲喂前用水浸泡12小时左右（含水量

55%～65%)，使之软化。

（2）发酵处理法

将粉碎的玉米芯浸泡处理，使其含水量达到65%～70%（即用手紧握指缝有液体渗出但不滴下为宜），然后装入发酵池逐层压实。制作过程中，每吨玉米芯添加1.5千克纤维素酶（用玉米面20千克或麸皮30千克预混合）和2～5千克食盐。装满发酵池后，覆盖塑料薄膜，用轮胎或土镇压密封。一般夏天发酵2～3天，冬天发酵7天后，即可开窖饲喂。

2. 饲喂方法

（1）饲喂物理处理的玉米芯

按比例与其他饲料合理搭配、混合均匀，添加量为粗饲料总量的16%～25%。此方法节省饲料，且对填充家畜胃容积、促进排粪等均有良好的效果。

（2）饲喂发酵处理的玉米芯

应由少到多与其他饲草料混合饲喂。如果酸度过大，应控制饲喂量。育肥牛每头每天8～12千克，犊牛每头每天3～5千克。

（二）特点

①玉米芯含有丰富的碳水化合物、氨基酸、无机盐等家畜生长所必需的营养成分，开发应用前景广阔。

②我国玉米芯资源分布广，产量大，价格较低，用作饲料原料，可降低养殖成本。

（三）成效

玉米芯经加工处理，适口性改善，消化率提高，可替代部分粗饲料。饲喂肉牛，可提高干物质采食量和日增重，育肥效果较好。开发利用玉米芯，可扩大粗饲料来源，降低饲养成本，促进种植业和养殖业的结合。

（四）案例

宁夏永宁县红星肉牛养殖合作社成立于2004年，现有入社农户164户。合作社农户全部使用粉碎浸泡后的玉米芯饲喂肉牛，育肥牛每天每头饲喂精饲料5千克、玉米秸秆黄贮4千克、玉米芯3千克，育肥期平均日增重1.1千克以上。

第四节 饼粕类饲料综合利用技术

一、菜籽饼(粕)发酵脱毒及利用技术

我国是油菜生产大国，油菜种植面积和油菜籽产量均居世界第1位，菜籽饼（粕）资源较为丰富。

（一）特点

菜籽饼（粕）是一种优质的植物蛋白饲料，粗蛋白质33%～45%，蛋白消化率95%～100%。氨基酸组成和含量与大豆相近。其中，蛋氨酸、半胱氨酸等含硫氨基酸含量较高，在我国南方肉牛养殖中普遍应用。但由于菜籽饼（粕）中含有硫代葡萄糖苷（简称硫甙，GLS）等有毒物质和植酸、单宁、芥子碱、抗蛋白酶因子等抗营养因子，适口性差，直接长期、大量饲喂菜籽饼（粕），易引发胃肠炎、肾炎和支气管炎等疾病。因此，为了充分利用菜籽蛋白，提高菜籽饼（粕）饲喂量，降低饲养成本，须对菜籽饼（粕）进行脱毒处理，降低其毒性，确保饲用安全。

（二）常用脱毒方法

目前，主要采取物理、化学和生物等方法进行脱毒处理。

1. 坑埋法

依据菜籽饼（粕）数量，在地势高燥的地方挖宽1.0～1.5米、深1.5～2.0米土坑（1立方米可埋500～600千克），坑底铺上稻草或席子。将粉碎的菜籽饼（粕），按1:1比例加水浸泡后，装填到土坑中，顶部盖上稻草或席子，再用塑料薄膜覆盖，最后用20～30厘米厚的土压实，坑埋2个月即可饲用。该方法操作简单，成本低，硫甙脱毒率可达90%左右，但蛋白质和干物质损失较大（约15%）。

2. 热处理法

主要有干热处理法和湿热处理法。具体方法是：将菜籽饼（粕）粉碎，用大铁锅烘炒30～40分钟，并炒出香味；也可以放入容器内，加水煮沸或通入蒸汽，保持100～110℃的温度蒸煮1小时。使芥子碱在高温下失去活性，饼（粕）中的硫甙不被分解。该方法操作简单，适合养殖户或小型养牛场使用。但饼粕中蛋白质利用率下降，特别是硫甙仍留在饼粕中，饲喂后可能受其他来源的芥子碱及肠道内某些细菌的酶解，继续产生毒性。

3. 水浸洗法

在水泥池或缸底开一小口装上阀门，上方5～10厘米处装过滤底层，将菜籽饼粕置于过滤层上，加热水或冷水浸泡、冲淋，反复浸提。每天换水1次，换水时冲淋1～2次。一般浸泡2～4天即可饲喂。利用水浸泡和冲洗，将菜籽饼（粕）中的有毒成分溶于水中，

通过冲洗把毒物带走，尤其是40℃左右的热水效果更好。该方法脱毒率较高，对设备和技术要求简单，容易操作，但饼（粕）中的干物质损失较大，部分水溶性蛋白质也会流失，耗水量大。

4. 生物发酵法

将菜籽饼（粕）粉碎，加入酵母菌、枯草芽孢杆菌、黑曲霉和乳酸菌等复合微生物制剂0.3%～0.6%（或按产品使用说明书），饼粕和水按2:1的比例混匀，在水泥地上堆积保湿发酵，当温度上升至38℃左右（8小时后），对饼粕进行翻堆，再堆积发酵。每日翻堆1次，控制好发酵温度，防止雨淋。温度过高时（不要超过40℃），要及时翻堆和通风降温。发酵4～5天完成脱毒，晾晒（烘干）至含水量8%，保存待用。通过微生物发酵，可水解菜籽饼（粕）硫甙及其降解产物。同时，微生物利用自身代谢作用将菜籽饼（粕）中抗营养因子（如植酸、单宁、纤维素等）分解，产生香味物质，提高了菜籽饼（粕）适口性和蛋白质含量。该方法成本低、脱毒率高、营养损失小。

（三）饲喂注意事项

①菜籽饼（粕）要妥善保存，防止霉烂变质。发生霉变，严禁使用。

②育肥牛多用，繁殖母牛和犊牛少用。脱毒菜籽饼（粕）多添加，未脱毒菜籽饼（粕）少添加。

③要尽量做到先脱毒后饲用，饲喂量要由少至多，让牛逐渐适应。一般情况下，开始时可以在精料中添加5%未脱毒菜籽饼（粕）或10%脱毒菜籽饼（粕），观察牛的采食和排泄情况，如没有异常，可间隔5～7天在精料中增加一定比例，逐渐增加。如发现厌食和腹泻，应减少菜籽饼粕的用量。

（四）特点

①通过菜籽饼（粕）脱毒技术，可有效去除其中的有毒物质和抗营养因子，改善适口性，提高使用量。推广菜籽饼（粕）的脱毒技术，可以解决南方地区的蛋白质饲料缺乏问题。

②菜籽饼（粕）资源丰富，营养价值高，价格低于豆粕，利用菜籽饼（粕）替代豆粕饲喂肉牛，可降低饲养成本，提高养殖效益。

③菜籽饼（粕）脱毒技术简单，投资少，适用于广大肉牛养殖户和规模养殖场。

（五）成效

近年来，贵州省畜牧兽医研究所及贵州省现代肉牛产业技术体系团队，结合贵州省养牛业发展和菜籽饼（粕）资源丰富的实际，在10多家养牛场（公司）和100多家养殖户中推广应用菜籽饼粕脱毒及喂牛技术，取得了较好的效果。

①以育肥牛为例，平均每天精料补充料3.5千克，按蛋白质料占25%计，如用豆粕每天需0.875千克，育肥300天需262.5千克，每头牛育肥300天需1181元（贵州豆粕每吨4500元）。贵州经脱毒菜籽饼（粕）添加量一般占精料补充料20%，用菜籽饼替代豆粕

育肥肉牛，每头牛可降低饲料成本 525 元（菜籽饼每吨 2000 元），经济效益明显。

②贵州省存栏肉牛 50 多万头，年产菜籽（粕）约 20 万吨，按每头育肥牛需要菜籽（粕）200 千克计算，可饲养肉牛 100 万头。菜籽饼（粕）资源还有较大的开发利用空间。

（六）案例

①贵州青酒集团下属的贵州喀斯特山乡牛业有限公司，用菜籽饼（粕）与酒糟混合发酵的方法对菜籽饼（粕）进行脱毒，在配制精料补充料时，替代豆粕，架子牛经 10 个月左右的育肥，体重可达 550 ～ 600 千克，达到供港活牛标准，每年供港肉牛达 3000 多头，取得了较好的经济社会效益。

②贵阳市金满船饲料有限公司利用镇宁县远丰油脂有限公司等企业生产的菜籽粕，年生产牛饲料 8000 吨。利用菜籽粕（占 20%）替代豆粕生产牛饲料，降低了生产成本，增加了生产效益，提高了饲料产品市场竞争力。

二、棉籽饼（粕）微生物发酵脱毒利用技术

以棉籽为原料，经脱壳、去茸或部分脱壳、去茸，用机器榨取油后的副产品称为棉籽饼，用浸提法或预压浸提法榨取油后的副产品称为棉籽粕。我国年产棉籽 1000 多万吨，棉籽饼（粕）是一种极具开发潜力的植物蛋白饲料资源。由于棉籽是否去壳及加工工艺不同，棉籽饼（粕）营养成分有较大差异。目前，用作饲料原料的棉籽饼（粕）粗蛋白质含量一般在 40% 左右，仅次于豆粕（49.48%）。

棉籽中含有棉酚及环丙烯脂肪酸等有害物质，尤其棉酚的危害最大，占棉籽重量的 0.7% ～ 4.8%，按其存在形式可分为游离棉酚和结合棉酚。在制油过程中，通过蒸炒、压榨，大部分棉酚与氨基酸结合形成结合棉酚。结合棉酚在动物消化道内不被吸收，毒性小。少部分棉酚以游离形式存在于粕及油品中，毒性较大。因此，使用棉籽饼（粕）时要限量或进行脱毒处理。

棉酚传统脱毒方法主要有物理法和化学法，其成本高、操作复杂，并且有一定的毒物残留。近年来，利用微生物发酵技术可使棉酚含量降低至 0.04% 以下，同时提高可溶性蛋白含量 3 ～ 11 倍。

（一）技术要点

微生物发酵脱毒法是通过微生物发酵，使棉籽饼（粕）中的棉酚转化、降解，达到脱毒目的。

1. 微生物制剂
主要由嗜酸乳杆菌、啤酒酵母菌、枯草芽胞杆菌和小分子肽等促生长因子组成。

2. 脱毒配方
每 200 千克棉籽饼（粕）加水 70 千克、红糖 1 千克、微生物制剂 1 千克、麸皮 20 千克。大量使用时，为了降低成本可用糖蜜替代红糖。

3. 发酵（窖）池准备

规模化牛场可利用已建成的青贮窖，没有青贮窖的养殖场（户），可自建发酵（窖）池，大小根据饲养规模和原料数量确定。发酵池应选在地势高、干燥、向阳、排水良好、距离畜舍较近的地方，深 2 ～ 3 米，池壁以砖或石砌筑，水泥抹面最佳，上大下小，侧壁倾斜度为 6°～ 8°。

4. 原料准备

根据发酵池容量，从加工厂直接将棉籽饼（粕）运输至发酵（窖）池旁。

5. 装填压实

为保证厌氧环境，装填前应在发酵窖（池）四壁衬塑料薄膜。装填原料时应逐层进行，每装入 30 ～ 50 厘米，喷洒混合均匀的菌糖水，然后压实，直至高于发酵窖（池）沿 50 ～ 70 厘米。小型窖（池）可人工踩实或用夯夯实，大型青贮窖可用履带拖拉机或轮式大马力推土机压实。

6. 密封

先在原料上铺一层塑料膜，再用 40 ～ 50 厘米厚的土覆盖拍实，外观呈馒头状。

7. 管理

气温 4℃以上，贮后密封发酵 7 天即可饲用。当出现塌陷、裂缝时，应及时进行填土，以防漏水漏气。

8. 品质鉴定

发酵好的棉籽饼（粕）颜色微黑、发亮、手捏发潮、略有酒香味（图 2-41）。

图 2-41 用含棉籽粕料育肥肉牛

（二）注意事项

①操作时要做到"均、密、实"。均，即微生物制剂与红糖水混合均匀，喷洒均匀；密，即密封好，不透气；实，即尽最大限度压实，减小空隙，创造厌氧环境。

②制作时间。根据棉花生产季节和气候特点,发酵环境温度在4℃以上,即可进行制作。

③检测。棉籽饼(粕)应在使用前进行棉酚和粗蛋白质测定, 以确定其在饲料中的用量。

④饲喂。饲喂肉牛时,应该由少到多逐渐增加,并观察牛的健康状况。怀孕中后期的母牛应减少或限制饲喂量。

(三)特点

新疆等地棉籽饼(粕)来源广泛、价格低廉,采用微生物发酵脱毒技术简便、易学、易推广,脱毒效果好(脱毒率达70%~80%)。发酵脱毒后的棉籽饼(粕)具有酸、甜、软、香等特点,适口性好,利用率和转化率显著提高,还能防止有害菌的繁殖和生长。

(四)成效

随着肉牛养殖业的快速发展,在新疆等棉花产区,推广应用棉籽饼(粕)微生物发酵脱毒利用技术,加之棉花副产物棉秆和棉壳等的有效利用,解决了新疆地区特别是南疆地区饲草料严重不足问题,降低了饲养成本,增加了养殖效益。

(五)案例

新疆南疆阿克苏地区某养殖户利用棉籽饼饲喂育肥肉牛,日粮组成、饲喂量及成本见表2-13。

表2-13 育肥牛日粮组成、饲喂量(推荐)及成本

配方	饲喂量(千克)	单价(元/千克)	总价(元)
棉籽壳	5	1	5
棉籽饼	3	2	6
麦草	6	1	6
玉米粉	2	2.5	5
棉秆粉	5	0.4	2
总计	21		24

养殖户将12月龄左右的牛以每头2800元购入,育肥3个月后出栏,每头育肥牛每天的饲料成本为24元,3个月饲料成本为2160元,人工等费用为1000元,共计成本5960元,育肥牛出栏价格为7500元,每头牛可以收益1540元。此养殖户按照平均一年可以出栏育肥牛150头计算,可收益231000元,经济效益较高,收入可观。

第三章 牛舍建设与环境控制技术

第一节 肉牛场建设与设计技术

一、建设布局

肉牛场建设必须符合《中华人民共和国畜牧法》、动物防疫条件许可及区域内土地使用和农业发展布局规划。选址要根据牛场规模和当地气候，对地形、地势、水源、土壤和周围环境等因素进行综合考虑。同时，要按照经济、实用、方便原则，对牛舍建造、饲料运输及水、电、暖等进行合理设计与建设。

（一）功能区划分

存栏规模300头以上的肉牛场，应明确划分管理区、生活区、生产区、隔离区及粪污区。300头以下的肉牛场可划分为管理生活区和生产区。肉牛养殖小区由于其分户饲养的特殊性，一般应做到管理区与生产区分开，并设置统一的饲料供应区和粪污处理区。

1. 管理区

管理区是肉牛场工作人员办公和对外联系的主要场所，包括办公、接待、会议等建筑，应尽量靠近牛场的主大门，并与生产区严格分开，保证50米以上距离。

2. 生活区

生活区是肉牛场工作人员生活的场所。从管理方便和防疫方面考虑，最好单独设置生活区，距离生产区100米以上，如果条件不具备也可与管理区合并。

3. 生产区

生产区是肉牛场生产核心区，主要包括牛舍、人工授精室、兽医室、干草棚、饲料库、饲料加工车间、机械设备库、青贮池和水电供应等必备的设施。入口处设置人员消毒室、更衣室和车辆消毒池。

生产区内建筑应根据功能和需要等合理布局。牛舍位于生产区的中央，牛舍间距不小于10米。饲草料加工贮存设施应位于牛舍附近上风向或侧风向一侧，原料库应靠近饲料加工车间，成品库、青贮池（窖）和草棚应靠近牛舍，便于饲喂。大型规模牛场应设置饲草料加工贮存区，以利于防疫和防火。

4. 隔离及粪污处理区

隔离及粪污处理区是购入牛观察、患病牛隔离治疗、粪污存放和病死牛等废弃物处理的场所。应距离生产区100米以上，包括装（卸）牛台、新购牛观察舍、病牛隔离治疗舍、兽医诊疗室、粪污处理场（沼气池）、焚烧炉等。观察舍应位于该区的上风向，靠近生产区。

病牛隔离牛舍应远离其他牛舍。大型牛场最好使用实体墙进行隔离，并设置单独的通道。兽医诊疗室位于隔离牛舍附近。粪污处理场位于观察舍和隔离舍的下风向。焚烧炉应处于隔离区的最下风向。

（二）布局

牛场布局要根据主风向、地形、地势等因素确定。

1. 主风向

管理区和生活区分开的，一般平行布局，位于夏季主风向的上风处。如果不能平行布局，生活区应位于管理区的下风处。

生产区应位于管理区、生活区的下风处，隔离及粪污处理区应位于牛场的最下风处。我国大部分地区夏季的主风向为东南风，但在山区和丘陵地区，应按照夏季主风向确定。

2. 地形地势

管理区和生活区应位于牛场地势较高的地方，生产区所处地势应略低于管理区和生活区，隔离及粪污处理区应位于地势最低处。不能同时满足要求时，应优先考虑按照地势布局，特别是在山坡地带。

二、建设类型

我国地域辽阔，地区差异较大，不能用固定、统一的模式建造牛舍。应根据当地气候、环境及饲养条件，遵循经济实用、科学合理、符合卫生要求的原则，综合考虑通风、采光、保温以及生产操作等因素，设计建造不同用途与类型的牛舍。

（一）牛舍类型

根据用途不同，分为种公牛、繁殖母牛、犊牛、育成牛、育肥牛及隔离观察等牛舍。

根据舍内分布方式不同，分为单列式、双列式和多列式牛舍。规模较小的牛场宜采用单列式牛舍，通风、保暖等性能较好。大型规模养殖场宜采用双列式牛舍，此种牛舍又分为对头式和对尾式，常见的是对头式。

根据开放形式不同，分为开放式牛舍、半开放式牛舍和封闭式牛舍。西部和北部等天气寒冷地区，牛舍建筑要充分考虑冬季保温，宜采用半开放式或封闭式牛舍。中东部地区应兼顾保温和防暑，宜采用半开放式牛舍。南方地区夏季时间长，气候炎热、潮湿，要防暑、防潮，宜采用开放式牛舍。

（二）牛舍朝向

牛舍朝向主要根据保暖和采光需要确定。

双列式或多列式牛舍：我国北方和西北地区冬季寒冷，多采用半开放、封闭式牛舍，应长轴南北向，南端偏东角度不超过15°，南侧开门，有利于采光和防寒。南方气候温暖，多采用开放式牛舍，长轴应东西向，朝南偏东角度不超过15°。

单列式牛舍：全部采用坐北朝南、长轴东西向。

（三）不同类型牛舍建造实例

1. 单列半开放式人工饲喂牛舍

牛舍跨度6.5～7.0米，向阳面半敞开，冬季用塑料薄膜或阳光板覆盖，塑膜与地面夹角成55°～65°，其他三面有墙。牛舍屋脊高2.8米，前墙高1.1米，后墙高2.0米，顶部设通风口。房脊垂直到地面至前墙间距为2.0～2.5米，到后墙间距为4.5米，长度按饲养头数确定(育肥牛槽位宽1.0～1.2米)。通道宽2.5～3.0米,饲槽宽0.6米、高0.4米。粪便沟及过道1.0米（图3-1至图3-4）。

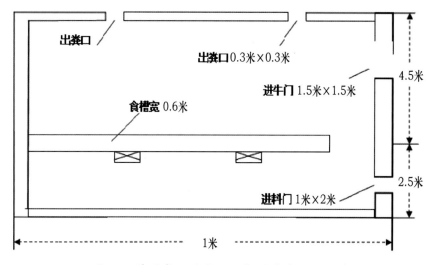

图 3-1 单列半开放式人工饲喂牛舍平面示意图

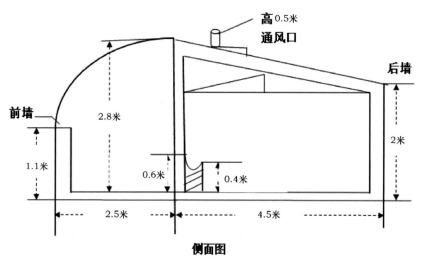

图 3-2 单列半开放式人工饲喂牛舍侧面示意图

图 3-3 单列半开放式塑膜暖棚牛舍　　图 3-4 安装活动阳光板的单列半开放式牛舍

2. 单列半开放式全混合日粮机械饲喂牛舍

跨度 9.0 米，屋脊高 4.0 米，前墙高 1.2 米，后墙高 3.5 米。房脊垂直地面至前墙间距为 1.5 米（根据不同用途，可适当增加运动场宽度），到后墙间距为 7.5 米。饲喂通道高出牛床 0.3 ～ 0.4 米（图 3-5、图 3-6）。

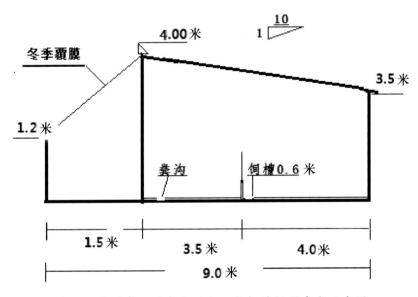

图 3-5 单列半开放式全混合日粮机械饲喂牛舍示意图

图 3-6 单列半开放式全混合日粮机械饲喂牛舍

3. 双列半开放式牛舍

牛舍内排列两排床位。根据饲喂通道和牛床分开，又分为对尾双列式和对头双列式两种。对尾双列式中间为除粪通道，两边各有一条喂料通道。优点是牛头对窗，空气好，清扫方便，缺点是饲喂不方便。对头双列式中间为饲喂通道，两边为除粪通道。优点是便于饲喂，缺点是牛舍内空气较差，不便于清粪。牛舍跨度 12.0 米，长根据饲养数量和场地确定。一般每头育肥牛槽位按 1.0～1.2 米计算（图 3-7 至图 3-9）。

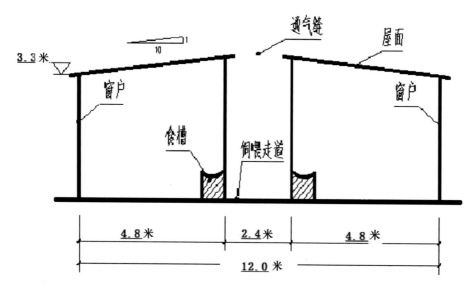

图 3-7 双列半封闭式牛舍侧面示意图

图 3-8 双列半开放式牛舍

图 3-9 对尾双列式牛舍

4. 双列全封闭式牛舍

跨度 12.0～15.2 米,采用对头式饲养,全混合日粮机械饲喂,机械清粪(见图 3-10、图 3-11)。

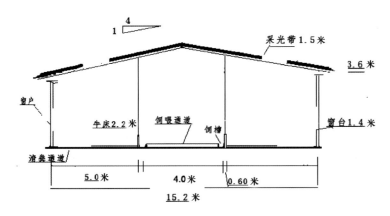

图 3-10 双列全封闭式牛舍侧面示意图(全混合日粮机械饲喂通道)

图 3-11 间隔式采光带双列全封闭式牛舍（全混合日粮机械饲喂通道）

三、建造要求

（一）地基

地基必须坚实牢固，设计应遵守《建筑地基基础设计规范》（GB 50007-2011），尽量利用天然地基以降低建造成本。砖混结构的牛舍，应用石块或砖砌墙基并高出地面，墙基地下部分深 80 ～ 100 厘米，东北等严寒地区最好超过冬季冻土层深度，墙基与周边土壤间做防水处理。轻钢结构的牛舍，支撑钢梁基座应用钢筋混凝土浇筑，深度根据牛舍跨度和屋顶重量确定，最少不低于 1.5 米，非承重的墙基地下部分深 50 厘米。

（二）墙壁

墙壁要求坚固耐用，厚度根据保温需要确定。冬季不是很冷的地区，一般墙厚 24 厘米。东北和西北等严寒地区，可适当增加墙的厚度。

（三）屋顶

屋顶要求夏季隔热、冬季保温，通风散热较好。屋顶样式有单坡式、双坡式、平顶式、钟楼式、半钟楼式等，常用的有钟楼式、双坡式和单坡式。钟楼式比较适合我国南方跨度大的牛舍，通风换气效果好，但结构复杂、造价高。双坡式适用于我国所有地区和各种规模肉牛场，结构简单、造价较低。单坡式牛舍多用于小型肉牛场或暖棚牛舍。

屋顶高度和坡度根据牛舍类型确定。一般双列式牛舍屋顶上缘距地面 3.5 ～ 4.5 米，屋顶下缘距地面 2.5 ～ 3.5 米，钟楼结构上层屋顶与下层屋顶交错处垂直高度 0.5 ～ 1.0 米，水平交错距离 0.5 ～ 1.0 米。单列式牛舍屋顶上缘距地面 2.8 ～ 3.5 米，下缘距地面

2.0～2.8米。多列式牛舍应在双列式基础上再适当提高。采用轻钢结构的应遵守《钢结构设计规范》（GB 50017-2003），为防止大量积雪压塌牛舍，设计承载时要适当提高标准，一般荷载应达到每平方米50千克以上。

屋顶材料选择常用的民用建筑材料，要求防火、防水、轻便、价格低，厚度根据保温需要确定。彩钢板屋顶最好为双层，中间填充5～10厘米厚的保温层。为了充分利用太阳能，提高冬季舍内温度和亮度，可在向阳侧间隔安装宽1米左右的采光板。

（四）跨度

跨度根据内部构造、是否使用全混合日粮饲喂机械等确定。单列式牛舍内部宽7～10米，双列式牛舍内部宽12～15米，四列式牛舍内部宽17～23米。

（五）门窗

封闭式和半开放式牛舍应在一端或两端设置大门，大型双列式牛舍应设置多个侧门，使用向外开门或推拉门。双列式和多列式牛舍大门宽2.5～3.5米，高2.5～3.0米；侧门宽1.5米，高2.0米；单列式门宽1.5～2.0米，高2米。如果使用全混合日粮饲喂车，需根据饲喂车的类型确定大门的宽和高。

封闭式牛舍应有窗户，大小和数量根据当地气候、牛舍类型确定。寒冷地区南窗数量要多、面积要大，北窗则相反。南窗高1.0～1.5米，宽1.5～2.0米；北窗高0.8～1.0米，宽1.0～1.2米；窗台距地面1.0～1.3米。炎热地区两边窗户大小和数量一致，窗高1.0～1.5米，宽1.5～2.0米，窗台距地面1.0～1.3米。半开放式牛舍可设窗户，参考炎热地区窗户设计，也可用帆布、棉帘等材质的卷帘代替，天热时卷起加强通风，天冷时放下保暖。

（六）牛床

牛床是牛采食和休息的主要场所。因建筑材料不同可分为混凝土牛床、石质牛床、沥青牛床、砖牛床、木质牛床和土质牛床，不同种类的牛床各有优缺点。

混凝土牛床和石质牛床导热性好、坚固耐用、易清扫、消毒，但硬度高，舒适度差，冬季保温性差，投资大。砖砌牛床造价低，但易损坏，不便于清扫。建造混凝土、石质和砖砌牛床，先要铲平夯实地基，铺20～25厘米厚的三合土后，上面再铺10～15厘米厚的混凝土、石材或立砖（横竖皆可，但横砖使用寿命短）。

沥青牛床保温性好并有弹性，不渗水，易清洗、消毒，是较理想的牛床，但遇水后较滑，修建时可掺入煤渣或粗砂用于防滑。沥青牛床最底层为夯实的素土或10厘米厚的三合土，中间为10厘米厚的混凝土，最上层为2～3厘米厚的沥青。

木质牛床保暖性好，有弹性，易清扫，但造价高，易腐烂。漏缝地板式清粪的牛舍多采用木质牛床。木质牛床厚度根据木板材质确定，一般厚10厘米左右，铺于硬地面上。

土质牛床能就地取材，造价低，有弹性，舒适性、保暖性和透水性好，但不易清扫和消毒。建造方法是将地基铲平，夯实，铺一层15厘米左右厚的砂石或碎砖块后，再铺

15～25 厘米厚的三合土，夯实。

牛床应有 1.5°～2° 的坡度，近槽端高，远槽端低。

为了提高牛舍利用率，很多牛场不区分犊牛、育成牛、母牛、育肥牛舍，通用一种牛舍，此时牛床应按照最大长度来设计（表 3-1）。

表 3-1 牛床设计参数

分类	长（厘米）	宽（厘米）
犊牛	100～150	60～80
育成牛	120～160	70～90
怀孕母牛	180～200	120～150
空怀母牛	170～190	100～120
种公牛	200～250	150～200
育肥牛	180～200	100～120

（七）饲槽和水槽

饲槽和水槽设在靠近通道的地方，有固定式和活动式两种。无饮水设施的，固定食槽兼做水槽，饲喂后饮水。人工饲喂牛舍食槽上部内宽 60 厘米，底部内宽 35～40 厘米，槽内侧（靠牛床侧）高 40 厘米、外侧（靠通道侧）高 60 厘米，食槽底部距地面高 20～30 厘米。为了便于清扫，饲槽底部呈弧形，一端留排水孔，并保持 1°～1.5° 的坡度。单独设置的水槽宽 40～60 厘米、深 40 厘米，底部距地面高 30～40 厘米，水槽沿高度不超过 70 厘米，一个水槽要满足 10～30 头牛的饮水需要。

有自由饮水设施的牛场，应采用地面食槽，便于机械饲喂与清扫。食槽内侧（靠牛床侧）高 20～30 厘米，外侧（靠饲喂通道）与通道地面持平，底部低于通道地面 5～10 厘米，呈 1/4 弧形，饲槽底部比牛床高 15～20 厘米。

（八）饲喂通道

牛舍内应设专门的饲喂通道和牛粪外运通道。人工饲喂的单列式和对尾双列式牛舍饲喂通道宽 2.0～2.5 米，清粪的中间通道宽 1.3～1.5 米，对头双列或多列式牛舍饲喂通道宽 2.5～3.0 米。机械饲喂通道宽度为 4 米。

（九）通气孔

半开放式和封闭式牛舍应设置通气孔。通气孔一般设置于屋脊或屋顶两侧。数量和大小应根据牛舍的大小、类型及通气和保温要求确定，最好设有活门，可以在雨天或牛舍温度过低时关闭。

单列式牛舍通气孔推荐参数为 70 厘米 ×70 厘米，双列式或多列式为 90 厘米 ×90 厘米。钟楼式牛舍一般不单独设计通气孔，而是利用上下层屋顶间的间隙进行通气。通气孔总面积应为牛舍总面积的 0.15% 左右。在牛舍屋顶安装固定式换气扇（通风机）进行换气，可有效缓解冬季通风与保温的矛盾。

（十）粪尿沟

人工清粪的牛舍内需有粪尿沟。粪尿沟宜采用明沟，表面光滑、不透水、易清洁，且不妨碍牛活动。粪尿沟宽 28～30 厘米，深 10～15 厘米。沟底向出粪口有 1°～1.5°的坡度。粪尿沟应通过暗沟通到舍外污水池。

（十一）特殊牛舍的要求

产房专门用于饲养进入临产状态的怀孕母牛，要求宽敞明亮，冬暖夏凉，环境安静，方便接产和助产操作。每头牛牛床宽 1.5 米、长 2 米以上。

隔离牛舍应便于消毒和处理污物。最好使用实体墙与其他牛舍隔离，距离 50 米以上，设置单独进出的通道。

四、配套设施

（一）运动场

采用拴系式饲养的育肥牛场一般不设置运动场，但繁殖母牛散养犊牛、育肥高档肉牛需设置运动场，每头牛运动场设计面积为：成年母牛 20～25 平方米、育成牛 10～15 平方米、犊牛 5～10 平方米、种公牛 30 平方米以上。地面以三合土或沙土为宜，周围设围墙或围栏。运动场内应配置饮水槽、补饲槽和遮阳棚，饮水槽和补饲槽可采用移动式水泥槽，放置于围栏边。

（二）围栏

围栏要结实耐用，牛舍内一般用钢管，运动场可用钢管、水泥、电围栏等。围栏高度、间隙和钢管直径等要根据牛的大小和类型确定。牛舍内靠饲槽侧围栏高 1.5 米以上，运动场围栏高 1.8 米，电围栏高 1.5 米以上。围栏间隙一般成年大型牛 30～35 厘米、育成牛和中小型牛 25～30 厘米、犊牛 20～25 厘米。

（三）消毒设施

消毒池深 10～15 厘米、长 1.5～2 米、宽略小于大门宽度，坚固、平整，耐酸碱，不渗漏，并配备手动或自动喷淋装置，对车辆进行整体消毒（消毒液为 0.5% 过氧乙酸）。消毒池可用火碱（2%～4% 氢氧化钠）或生石灰，使用 10～15 天更换 1 次，下雨后必须立即更换或进行补充。

消毒室应设更衣间，有专用的通道通向牛舍。所有人员进入生产区，必须更衣，紫外线照射 5 分钟以上，手部用新洁尔灭（0.1%）或过氧乙酸（0.3%）清洗消毒，从专用通道进入。

（四）饲料加工、贮存设施

1. 饲料库及加工车间

它与普通饲料厂的建筑一致，防鼠、防鸟、防潮，不漏水，满足生产需要即可。大小和类型根据牛场养殖规模、所需加工饲料的种类及生产需要确定。

2. 青贮设施

青贮池分为地上式、半地上式和地下式3种。常用地上式和半地上式（地下部分不超过1米）。青贮池大小根据养殖规模、贮藏饲料数量确定，底部和四周用砖或石头砌壁，用水泥抹平，保证不透气、不透水，底部应留有排水孔。

（五）粪场和污水池

为了避免污染环境，规模肉牛场必须配备粪场和污水池。粪场地面要坚硬不渗水，能贮存1个月以上的粪量。污水池距牛舍10米以上，容积以能贮存1个月的粪尿为准。粪场和污水池每月清除1次。

第二节 牛舍环境控制技术

一、牛舍湿帘降温技术

气温对牛机体健康及其生产性能影响最大。环境温度在 5 ～ 21℃时，肉牛增重较快，温度过高增重缓慢，甚至中暑死亡。为了消除或缓解高温对牛的影响，必须做好牛舍防暑、降温工作。实际生产中，通过保护牛免受太阳辐射、增强传导散热（与冷物体表面接触）、对流散热（利用天然气流或强制通风）、蒸发散热等形式，可有效控制并降低牛舍温度。随着湿帘降温技术的深入研究，在肉牛场也开始推广使用。

（一）湿帘的种类及优点

湿帘在其他行业又名水蒸发式冷风机，是利用空气的不饱和性和水的蒸发吸热来降温。湿帘装置一般分为两类，湿帘墙加负压风机和外挂式独立湿帘风机。这两种装置工作原理相同，只是安装方式不同。湿帘墙加负压风机主要应用于空间易于封闭及降温要求较高的牛舍。外挂式独立湿帘风机适用于不易封闭及降温要求不太高的牛舍。

湿帘装置的优点是投资少，运行费用低，风量大、降温效果好。如果湿帘设计及设备维护很好，可降低牛舍温度 4 ～ 12℃，大大减少热应激对肉牛的影响。

（二）湿帘装置的安装

1. 湿帘墙加负压风机的安装

湿帘墙加负压风机安装方式有横向和纵向两种。对于牛舍面积较大、通风降温要求较高的牛舍，可以采用横向湿帘降温系统；如果牛舍超宽、降温效果不明显时，可在此基础上把两边的山墙也改成湿帘，增大降温效果。对于牛舍面积较小、降温要求不太高的牛舍，可采用纵向湿帘降温系统。

2. 外挂式湿帘风机的安装

外挂式湿帘风机系统安装灵活，适于任何类型的牛舍，可分散安装于牛舍不同的墙上，以增加降温效果，也可作为水帘墙加负压风机降温系统的补充。安装数量可以根据气候、牛舍情况及降温效果进行调整。当采用外挂式湿帘风机时，牛舍不需全封闭，其主要是通过把冷湿空气强力吹进牛舍达到降温的目的。安装方法是直接把风机挂在牛舍内。

3. 安装注意事项

如果采用湿帘墙加负压风机方式降温，牛舍应尽可能密闭。如果不密闭，牛舍内不能产生负压，导致通过湿帘的冷风减少，牛舍外的热空气还可通过各种缝隙进入牛舍，达不到降温的作用。

牛舍风机数量和湿帘面积应当依据当地气候、牛舍条件、牛的大小及饲养密度综合考虑，使湿帘的降温效果达到最佳。

（三）湿帘的使用

1. 湿帘开启之前的检查工作

检查风机是否正常；波纹状纤维纸、集水器、水管等是否通畅、正常，是否积有泥沙；潜水泵进水处过滤网是否完好；水循环系统内有无漏水情况等。

2. 湿帘开启的时间

炎热天气状态下，一般在 13：00 ～ 16：00 牛舍内温度较高，14：00 ～ 15：00 最高。因此，通常在 13：00 ～ 16：00 开启湿帘降温系统。

3. 每天应清洗湿帘过滤器 1 次

（四）影响湿帘降温效果的因素

湿帘降温装置的效率取决于湿帘的性能及面积、水的温度、牛舍建筑、空气温度及干湿度等因素。

1. 湿帘材料的要求

主要包括吸附水能力、通风透气性能、多孔性和耐用性，良好的吸水性能使水均匀分布在湿帘上，透气性使空气流动阻力小，材料的多孔性则可提供更大的表面积。质量好的湿帘由加入特殊化学原料的植物纤维纸浆制成，并采用均匀交叉气流结构设计，为空气与水之间提供了巨大的接触面，具有很好的吸水性和湿挺度，不会随水流、气流分解或坍塌。

2. 水的温度

据观察，流经湿帘的水越冷，蒸发吸收的热量越多，牛舍内降温效果就越好。流经湿帘的水建议用冷的深井水，当水经过数次循环水温升高后（高于 24℃），应及时换水。

3. 空气中的干湿度

湿帘降温的原理是通过水蒸发吸收热量降温，当环境空气中的湿度很高时，水分蒸发缓慢，吸热自然减少。因此，干热地区应用湿帘效果非常好，而高温高湿地区湿帘的应用效果要差一些。如出现高温高湿的天气时，强力通风尤其重要，必须用强力风机带走牛舍内的热量。

4. 湿帘的清洁卫生

湿帘的波纹状纤维纸中间有很小的管路，供空气从管路中通过。一旦管路被堵塞、变形或坍塌，牛舍外的空气不能通过湿帘进入牛舍，将对降温产生影响。堵塞的原因有很多，如牛舍空气中的灰土、水中的杂质、湿帘纸的质量不好产生变形、湿帘纸用后未吹干或长时间不用导致纸帘表面起霉长毛等。每天切断水源后，让风扇继续转 30 分钟甚至更长时间，待湿帘完全干燥后才停机，这样可防止藻类的生长，从而避免阻塞水泵、过滤器和水管。

（五）使用湿帘注意事项

1. 控制牛舍温度和湿度

越接近空气出口的地方温度越高、臭味越浓，这主要是湿帘面积不够、分布不均、降温能力有限导致。解决方法是增加湿帘面积或降低水的温度。也可把湿帘改大为小、分散安装。当牛舍内湿度达到80%～90%，如果安装不合理，易出现进口低温高湿和出口高温高湿现象。出现这种情况，建议停用湿帘，应用强力风机系统，把牛舍内的湿热空气抽走，达到降温目的。

2. 保证水质洁净

第一次启用湿帘时，水中必须加消毒剂，当水温过高（＞24℃）时，应及时补充新水。湿帘用的循环水尽可能不使用硬水，因为硬水中所产生的碳酸钙沉淀易堵塞管路，使穿过湿帘的气流减小。目前，大多数湿帘均采用死水循环方式，当水循环一段时间后变脏，极易产生细菌及霉菌，这些混合有细菌和霉菌的脏水随空气被带入牛舍内，对牛生长将产生不利影响。因此，使用过程中需经常换水并保持循环水的清洁。

3. 定期检查

湿帘系统长期不用时，需将湿帘水池内的水排净，并用塑料布扎好，以免灰尘、沙土进入水池带入装置；再次使用前，应检查湿帘纸及管路中有无纸屑和尘土等杂物。在冬季，湿帘外侧要加盖保温材料。使用期间，应定期进行全面检查，重点查看风叶、轴承等是否正常（图3-12、图3-13）。

图 3-12 肉牛舍水帘降温设备——风机　　图 3-13 肉牛舍水帘降温设备——湿帘

二、牛舍冬季保温技术

肉牛舍的建设一般遵循因陋就简、就地取材、经济适用的原则，所以实际生产中以开放式（或半开放式）牛舍居多，封闭式牛舍相对较少。北方地区冬春季节天气寒冷，为了解决牛舍温度较低问题，广泛推广应用了塑料暖棚养牛技术。寒冷季节将敞棚式或半敞棚牛舍用塑料薄膜封闭敞开部分，形成日光温室大棚，利用阳光热能和牛自身体温散发的热量来提高舍内温度，实现暖棚养牛。该项技术不但保温效果好，而且造价低，投资少，简单易操作，深受广大养殖户喜欢，是一项成熟的实用技术。

（一）技术要点

1. 场址选择

牛场场址要选择地势干燥，背风向阳，地下水位低的地方，牛舍要坐北朝南，南偏东或偏西角度不超过15°为宜，采光良好，光照强度大。

2. 棚舍结构

暖棚牛舍结构可采用平顶式、单坡式、双坡式、平拱式等多种类型。生产当中常用双坡式暖棚，牛舍宽6米，举架高2.5米，东、西、北三面筑墙，北面墙高2米，屋顶建有1/2～1/3的顶棚，南面自上而下做成一排排暖棚支架，间距为0.5米左右，温暖季节露天开放，寒冷季节上面覆盖塑料薄膜，使牛舍呈封闭状态以保暖增温。优点是扣棚面积小、光照充足、不积水、易保温、省工省料。

3. 建筑材料选择

建筑材料可因地制宜，就地取材。墙用空心砖或石头砌成，棚顶铺木板，上面盖石棉瓦。塑料棚支架可选用钢筋、木材、竹子、硬塑料等材料。塑料薄膜选择对太阳光透过率高，而对地面长波辐射透过率低的白色透明农用膜（聚乙烯或聚氯乙烯），厚度80～100微米，有条件的可选用无滴膜，可降低牛舍湿度。

4. 棚舍搭建

建舍时应考虑入射角大于或等于当地冬至正午时的太阳高度角，塑膜的坡度应控制在55°～65°，这样可以获得较高的透光率。扣棚时间可根据当地的气候来确定，一般从11月中旬(外界气温降至0℃)至翌年3月下旬左右。搭建时,首先检查棚舍支架是否平坦、钝化，以防损坏塑料薄膜；然后将准备好的塑料薄膜沿着棚舍支架从一侧向另一侧轻轻覆盖，绷紧拉平；再使用绳索从上向下拉紧压住薄膜，拉绳间隔3米左右，上端固定在棚脊上，下端固定在地面；最后用泥土或水泥将暖棚四周封严，以防刮风掀开。

5. 设置通风换气口

暖棚牛舍密封严实，会导致舍内空气污浊，有害气体浓度增高，湿度加大，肉牛易患关节炎、风湿症、皮肤病和呼吸道疾病等病症，应设置排气口，加强空气循环。排气口应设在棚舍的顶部背风面，面积为40厘米×40厘米，间隔5米左右，并安装防风帽，可以自由开闭。有条件的可安装换气扇等设备。

6. 日常管理

①防寒保温：塑料薄膜之间、塑料薄膜与墙体之间要接好压实，平时拉绳应绷紧，防止大风天气舍内进风导致气流过大而掀开暖棚。夜间和雪天等特别寒冷时还要加盖草帘、棉帘、麻袋等物以保温，白天将其卷起来固定在棚舍顶部。牛舍应关好门窗，北窗可用塑料薄膜封严，关闭进风通道，堵塞舍内漏风的孔隙，防止贼风侵袭。饲养密度可适当大些，以每头4平方米为宜。牛床可以铺设垫草以隔凉保暖。

②通风换气：10:30～14:30为通风换气最佳时间，通风次数与时间要根据天气和舍

内空气质量而定，一般每天通风 1 ～ 2 次，每次 20 分钟左右。天气暖和时，可将棚舍塑料薄膜从地面掀起 1 米左右，加强舍内空气流通。

③定期清洁塑料薄膜：用抹布擦掉尘埃、水滴和冰霜，以利于透光。雨雪天气，要随时清理棚舍上面的积雪或雨水，防止压塌暖棚。塑料薄膜如有破损，应及时用胶带修补。

（二）特点

1. 充分利用太阳能

塑料暖棚又称日光温室，是我国北方地区独有的一种温室类型，在寒冷的季节，室内不需加热，靠太阳光就可以保持适宜温度，基本能够满足肉牛生产需要，实现节能减排、卫生环保，非常符合现代畜牧业发展要求。

2. 投资少，造价低

塑料暖棚牛舍是在敞棚或半敞棚牛舍基础上加以适当改造而建的，造价较低，养殖户容易接受。改造时所用的棚舍支架、塑料薄膜等材料，可选择的种类多，价格便宜。一般支架可使用 6 年以上，塑料薄膜可用 2 年，日常维护费用低。

3. 简便易行

暖棚牛舍建设简单，应用方便，对养殖户稍加指导，便能熟练掌握。

（三）成效

1. 提高牛舍温度

塑料暖棚具有日光温室特点，通过采光吸热和密封保温，可提高牛舍温度，一般白天温度能够提高 10℃以上，夜间提高 5℃以上。

2. 减少能源消耗

肉牛正常生长发育所需要的温度为 5 ～ 21℃，如果超出这个范围会在一定程度上制约肉牛生长。冬季寒冷地区的简易牛舍温度一般都在 0℃以下，夜间温度会更低，所以，肉牛育肥效果很差。应用塑料暖棚牛舍饲养肉牛，不需要其他取暖设施就能保持牛舍温度，减少了能源消耗和支出，提高了养殖效益。

（四）案例

我国北方地区冬季寒冷，外界气温常常降至 -10℃以下，造成牛体热散失量大，既浪费了饲料，又不上膘，素有"一年养畜半年长"的说法。研究表明：在饲喂相同饲料的情况下，经过 140 天的饲养对比，在暖棚内饲养的肉牛平均日增重 0.73 千克，而在一般牛舍饲养的肉牛平均日增重只有 0.31 千克，前者多增重 0.43 千克，每头肉牛可以增加收入 476 元，两者差异极显著。

三、发酵床生态养牛技术

发酵床生态养牛技术是根据微生态和生物发酵原理，在牛舍内建造发酵床，并铺设一定厚度的有机物垫料（稻壳、锯末、秸秆和微生物菌种混合），牛将粪尿直接排泄到垫料上面，通过牛的踩踏和人工辅助翻耙，使粪尿和垫料充分混合，让有益微生物菌种发酵，使粪、尿有机物质分解和转化。垫料使用后，可以生产生物有机肥，用于农田、果园施肥，实现循环利用。这种饲养方法无任何废弃物排放，对环境无污染。

（一）牛舍建造

发酵床牛舍建造要就地取材，经济适用，科学合理，符合兽医卫生要求。北方牛舍冬季要保暖、防寒，南方牛舍夏季要通风、防暑。

发酵床牛舍的类型与常规牛舍基本相同，地面以上建造技术也与第一节内容一致。目前，采用双列式饲养较为经济。北方寒冷地区可采用封闭式或半开放式，南方地区则采用开放式牛舍（图3-14、图3-15）。

图 3-14 发酵床牛舍内部　　　　　　图 3-15 发酵床牛舍外部

（二）发酵床建造

根据地下水位的高低，发酵床可建地上式、地下式和半地下式3种。

地上式发酵床：垫料层位于地平面以上，适用于南方地下水位较高的地区。

地下式发酵床：垫料层位于地平面以下，床面与地面平齐，适合于地下水位较低的地区。

半地下式发酵床：适用于地下水位适中的江淮大部分地区。

发酵池内四周用砖砌起，砖墙上用水泥抹面，池底部为自然土地面。发酵速度主要与排泄量、微生物菌活力和气温有关。发酵池深度一般为80～100厘米，过浅不能充分消化、分解粪尿，过深单位面积成本增加，翻耙工作量也加大。夏季发酵床垫料可适当垫低，冬季适当垫高。

（三）发酵床菌种

牛的排泄物由发酵床中的微生物进行降解，其降解性能的好坏直接影响废物降解效率。高效、安全、经济、适应性广的菌种发现和利用，是发酵床生态养牛技术的关键。

发酵床的菌种主要由芽孢杆菌、放线菌、乳酸菌、酵母菌和丝状菌等多种有益微生物组成。目前，商业剂型主要有水剂、糊剂和粉剂，粉剂较易于保存，使用方便。

（四）发酵床垫料选择

发酵床垫料选用原则是来源广泛、供应稳定、价格较低，主要由有机垫料组成。通常选择碳供应强度大、能力均衡、持久以及通透性、吸附性好的材料做主要原料。

主要原料有锯末、稻壳、碎树木屑（5厘米以下）、刨花和农作物秸秆等。主料必须为高碳原料，水分不宜过高、便于临时贮存。不得选用已经腐烂霉变的原料。

发酵过程主要是微生物对牛粪尿进行分解，垫料主要起培养基作用，因而垫料的颗粒应粗大，可降低垫料被降解的速度，延长垫料使用寿命。

（五）发酵床垫料铺垫方法

发酵床养牛不同于一般的发酵床制作，因为牛的体重比猪要重几倍，常规的发酵床垫料不能承受牛强大的重力。通过不断的实践探索，各地已经总结出较成熟的发酵床养牛垫料铺垫方法。选择黄熟玉米秸秆为发酵床主要垫料时，其垫料层厚度夏天一般为60厘米左右，冬季为80～100厘米。垫料分成三层垫入，最底部放置稻草和长度不一的整株玉米秸秆，中间一层放置锯末、稻壳、碎树木屑或刨花，在上层放置发酵好的垫料和切短的玉米秸秆，每层厚度20～30厘米。上层发酵垫料制作：先将玉米秸秆粉碎，按每立方米加入2千克菌液，充分混合搅拌均匀后，打堆，四周用塑料布盖严发酵；温度尽量保持在20～25℃，夏天经过2～3天，冬季经过5～7天，当发出酸甜的酒曲香味时，即为发酵成功。此时，将发酵好的垫料均匀铺在圈舍内，在其上面覆盖5～10厘米厚的碎秸秆，整个过程直接在发酵池内进行。

（六）发酵床维护管理

微生物菌群分解粪便的能力，取决于菌群自身的活力，而菌群自身活力受所处环境影响。有机垫料的温度、湿度、光照、有氧状况、碳氮比例以及粪便的数量等都决定发酵分解效果。

发酵床养护的目的主要有两方面：一是保持发酵床正常微生态平衡，使有益微生物菌群始终处于优势地位，抑制病原微生物的繁殖和生长，为牛的生长发育提供健康的生态环境；二是确保发酵床对牛粪尿的消化分解能力始终维持在较高水平，同时，为牛的生长提供一个舒适的环境。发酵床日常养护主要涉及垫料的通透性、湿度、疏粪、补菌、垫料补充和更新等多个环节。

1. 垫料通透性管理

长期保持垫料适当的通透性，即垫料中的含氧量始终维持在正常水平，是保持发酵床具有较高粪尿分解能力关键因素之一，也是抑制病原微生物繁殖，减少疾病发生的重要手段。当发酵床面的有机垫料被牛踩踏变硬时，必须将垫料深度翻松。通常每周将垫料翻动1～2次，翻动深度为25～35厘米。冬季应增加翻动次数，有利于提高舍内温度；夏季要减少翻动次数，深度应适当降低。也可结合疏粪或补水将垫料翻匀。

2. 垫料湿度管理

发酵床养牛一年四季要保证空气流通，促进水分的蒸发，带走多余的热量。水分的自然挥发，会使垫料水分含量逐渐降低，但垫料水分降到一定水平后，微生物的繁殖就会受阻。因此，应经常测量发酵床垫料中的水分。根据水分状况适时补充水分，保持垫料微生物正常繁殖，维持垫料粪尿分解能力。垫料合适的水分含量通常为60%～65%。

检查垫料水分时，可用手抓起垫料攥紧，如果感觉潮湿但没有水分出来，松开后即散，可判断水分为30%～40%；如果感觉到手握成团，松开后抖动即散，指缝间有水但未流出，可以判断水分为60%～65%；如果攥紧垫料有水从指缝滴下，则说明水分含量为70%～80%。

发酵床面不能过于干燥，应根据床面干燥程度，定期向发酵床喷雾补水，也可结合补菌时补水。冬季应减少和降低发酵床的湿度。另外，要严格防止饮水和雨水漏入发酵床内，导致垫料水分过高造成腐烂。

3. 疏粪管理

由于牛具有排泄量大，不定点，随处倒卧等特性，所以，发酵床上会出现粪尿分布不匀。粪尿集中的地方湿度大，微生物消化分解速度慢。只有将粪尿均匀分散在垫料上（即疏粪管理），并与垫料充分混合，才能保持发酵床水分的均匀一致，并能在较短的时间内将粪尿消化分解干净。通常每天应及时把过于集中的新鲜粪便分散掩埋到20厘米以下的垫料中。

4. 补菌

定期补充益生菌液是维护发酵床正常微生态平衡，保持其粪尿持续分解能力的重要手段。一般按垫料量的0.3‰～0.5‰补充，每周一次，边翻边喷洒，深度20厘米左右。

5. 垫料补充与更新

发酵床在消化分解粪尿的同时，垫料也会逐步损耗，一段时间后床面会自行下沉，及时补充垫料是保持发酵床性能稳定的重要措施。应保持床面与池面的高度一致，易于牛在料槽内自由采食。如果垫料减少应及时补充垫料。补充新料要与发酵床上的垫料混合均匀，并调节好水分，同时补充益生菌。

发酵床垫料的使用寿命有一定期限。日常养护措施到位，使用寿命相对较长，反之则会缩短。当垫料达到使用期限后，会出现臭味、高温段上移和持水能力减弱等，此时必须将其从垫料槽中彻底清出，并重新放入新的垫料。清出的垫料可直接作为有机肥使用，也可按照生物有机肥的要求，进行二次发酵，做好熟化处理，并进行养分、有机质调节后，作为生物有机肥使用。

6. 控制发酵节奏

牛舍发酵节奏与温度可人为控制，要快速升温与发酵，可采取以下一种或几种综合措施：增加益生菌液用量、预先加红糖水活化发酵菌剂、多添加新鲜米糠或含氮量高的营养物、增加秸秆层厚度、增加翻倒次数并打开孔通气、适当调高秸秆混合物含水量（但切忌水分不能超过 65%，否则会因腐败菌发酵分解而产生臭味）等。调低温度可采用相反措施。上层和中层垫料温度一般不要超过 50℃，表面温度应在 30℃ 以下。

（七）常见问题与处理

1. 不升温

原因：水分过高或过低，pH 值过高或过低，益生菌的含量不够。

处理方法：调整垫料水分、pH 值，补充菌种。

2. 升温后温度随即快速下降

原因：原料中有机氮含量太低。

处理方法：应适当添加含氮量丰富的有机物料，如米糠、果渣、饼粕等。

3. 发酵过程中异味、臭味较浓

原因：C/N（C 指碳素原料，N 指氮素原料）过低，原料粒度过大，水分调节不匀。

处理方法：通过补充碳素原料，调整 C/N，降低垫料细度，调匀水分。

4. 发酵后期氨味渐浓

原因：物料水分偏大，pH 值偏高，垫料结块。

处理方法：立即将发酵垫料散开，让水分快速挥发，补充新垫料或更换部分垫料。

第四章 饲养管理技术

第一节 犊牛饲养管理技术

一、隔栏补饲早期断奶技术

我国农村肉牛散养户犊牛出生后，一般采用随母哺乳5～6个月、自然断奶的传统饲养模式。犊牛出生后随着日龄增加，生长发育加快，营养需要也增加，而肉用母牛产后2～3月产乳量逐渐减少，单靠母乳不能满足犊牛营养需要。同时，母牛泌乳和犊牛直接吮吸乳头哺乳所产生的刺激，对母牛的生殖机能恢复产生抑制作用，严重影响母牛发情，造成带犊哺乳的母牛在产后90～100天甚至更长时间都不发情。实行隔栏补饲、早期断奶，可限制犊牛吮乳时间和次数，当母牛不哺乳时，犊牛因饥饿会主动采食饲料。一方面，可使犊牛提前从液体饲料阶段过渡到反刍阶段，及早补充犊牛所需营养，促进犊牛消化系统发育，提早建立瘤胃微生物区系，增强消化能力，更好地适应断奶后固体饲料的采食，降低发病率。另一方面，减少了哺乳对母牛的刺激，可促进母牛恢复体况，尽早发情配种。

（一）技术要点

1. 犊牛在出生后0.5～1小时内要吃上初乳

在犊牛能够自行站立时，让其接近母牛后躯，采食母乳。对体质较弱的犊牛可人工辅助，挤几滴母乳于洁净手指上，让犊牛吸吮手指，而后引导到母牛乳头助其吮奶。

2. 犊牛栏设置

犊牛出生7日龄后，在母牛舍内一侧或牛舍外，用圆木或钢管围成一个小牛栏，围栏面积以每头2平方米以上为宜。与地面平行制作犊牛栏时，最下面的栏杆高度应在小牛膝盖以上、脖子下缘以下（距地面30～40厘米），第二根栏杆高度与犊牛背平齐（距地面70厘米左右）。在犊牛栏一侧设置精料槽、粗料槽，在另一侧设置水槽，在料槽内添入优质干草（苜蓿青干草等），训练犊牛自由采食。犊牛栏应保持清洁、干燥、采光良好、空气新鲜且无贼风，冬暖夏凉（图4-1、图4-2）。

图4-1 母牛舍内设置犊牛栏　　图4-2 饲喂通道一侧设置犊牛栏

3. 犊牛补饲

犊牛出生15日龄后，每天定时哺乳后关入犊牛栏，与母牛分开一段时间，逐渐增加精饲料、优质干草饲喂量，逐步加长母牛、犊牛分离时间。

①补饲精料。犊牛开食料应适口性良好，粗纤维含量低而粗蛋白质含量较高。可购买奶牛犊牛用代乳料、犊牛颗粒料，或自己加工犊牛颗粒料，每天早、晚各喂1次。1月龄日喂颗粒料0.1～0.2千克，2月龄喂0.3～0.6千克，3月龄喂0.6～0.8千克，4月龄喂0.8～1千克。犊牛满2月龄后，在饲喂颗粒料的同时，开始添加粉状精饲料，可采用与犊牛颗粒料相同的配方。粉状精饲料添加量：3月龄0.5千克，4月龄1.2～1.5千克，见表4-1。

表4-1 肉用犊牛颗粒饲料推荐配方及营养水平

原料名称	玉米	麸皮	豆粕	棉粕	食盐	磷酸氢钙	石粉	预混料
配比	48%	20%	15%	12%	1%	2%	1%	1%

注：推荐营养水平：综合净能≥6.5兆焦/千克，粗蛋白质18%～20%，粗纤维5%，钙1%～1.2%，磷0.5%～0.80%。

②补饲干草。可饲喂苜蓿、禾本科牧草等优质干草。出生2个月以内的犊牛，饲喂铡短到2厘米以内的干草，出生2个月以后的犊牛，可直接饲喂不铡短的干草。建议饲喂混合干草，其中，苜蓿草占20%以上。2月龄犊牛可采食苜蓿干草0.2千克，3月龄犊牛可采食苜蓿干草0.5千克（图4-3、图4-4）。

图4-3 犊牛栏内精料盆、饮水盆和粗料槽　　图4-4 犊牛补饲颗粒料和苜蓿干草

4. 饮水

犊牛在初乳期，可在2次喂奶的间隔时间内供给36～37℃的温开水。生后10～15天，改饮常温水，1月龄后自由饮水，但水温不应低于15℃。饮水要方便，水质要清洁；水槽要定期刷洗。

5. 断奶

可采用逐渐断奶法。具体方法是随着犊牛月龄增大，逐渐减少日哺乳次数，同时逐渐增加精料饲喂量，使犊牛在断奶前有较好的过渡，不影响其正常生长发育。当犊牛满4月龄，且连续 3 天采食精饲料达到 2 千克以上时，可与母牛彻底分开，实施断奶。断奶后，停止使用颗粒饲料，逐渐增加粉状精料、优质牧草及秸秆的饲喂量。

6. 犊牛早期断奶补饲建议方案

犊牛饲养采用"前高后低"的方案，即前期吃足奶，后期少吃奶，多喂精、粗饲料。建议饲养方案见表 4-2。

表 4-2　肉用犊牛 4 月龄断奶的饲养方案

哺育犊牛（月龄）	颗粒饲料（千克）	优质干草（千克）	粉状精饲料（千克）	青（黄）贮	哺乳次数
1	0.1～0.2	-	-	-	每日 2 次（早、晚）
2	0.3～0.6	0.2	-	-	每日 1 次（早）
3	0.6～0.8	0.5	0.5	-	隔 1 日 1 次（早）
4	0.8～1.0	1.5	1.2～1.5	-	隔 2 日 1 次（早）

（二）特点

①操作简便，可在广大养殖场、散养户中推广应用。

②补饲适量精料和干草，可促使犊牛瘤胃发育，有助于降低断奶应激反应，减少犊牛腹泻等消化道疾病的发病率，提高犊牛成活率、增重速度和养殖效益。

③可使母牛及早发情配种，缩短空怀期，降低饲养成本。

（三）成效

过多的哺乳和过长的哺乳期虽然可以取得较高的日增重及断奶重，但不利于犊牛消化器官的生长发育和机能锻炼，并且影响母牛的健康、体况及生产性能。采用隔栏补饲、早期断奶技术，可以促进犊牛生长发育，提高断奶重。据调查，出生后不补料的杂交犊牛 4 月龄体重仅为 110 千克左右，而进行早期补饲、4 月龄断奶的杂交改良犊牛体重可达 135 千克左右，平均日增重 0.85 千克左右，体重增加 20 千克左右。同时，由于减少了犊牛哺乳对母牛的刺激，使母牛产后尽早恢复体况，在 3～4 个月内发情配种，提高母牛繁殖率和养殖效益。

（四）案例

2010 年以来，宁夏固原市原州区头营镇石羊村、彭阳县古城镇任河村等 5 个肉牛养殖村及银川市、吴忠市部分肉牛繁育场（户）示范应用了犊牛隔栏补饲、早期断奶技术，累计示范安秦杂等犊牛 1500 余头。采用的颗粒饲料配方是：玉米 45.9%，麸皮 16%，胡麻饼 15%，豆粕 17%，磷酸氢钙 2%，石粉 1%，食盐 1%，预混料 1%，其他添加剂 1.1%；断奶前头均补饲总量 80 千克。为方便农户饲养，犊牛自 3 月龄以后饲喂粉状精饲料配方与产后母牛相同（玉米 60%、胡麻饼 20%、麸皮 16.5%、预混料 2%、食盐 1%、石粉 0.5%）。粗饲料以苜蓿青干草为主。与自然哺乳方法相比，采取早期补饲与自然哺乳相结合方法的犊牛，可在 4 月龄内断奶，断奶时间提前 1～2 个月，平均日增重达到 0.85 千克左右，提高 0.13 千克/天以上，头均日增重收益高 2.6 元以上。进行早期补饲，4 月龄断奶的犊牛头均价值比同月龄自然哺乳的犊牛提高 460 元以上，除颗粒饲料成本 260 元，头均净增收 200 元左右。同时，母牛实现了产后 3～4 个月内发情配种，缩短了产犊间隔（图 4-5、图 4-6）。

图 4-5 犊牛随母哺乳　　　　　　　　　图 4-6 犊牛隔栏饲养

二、犊牛护理技术

犊牛护理技术是指对出生后 6 个月以内的犊牛进行引导呼吸、脐部消毒、饲喂初乳以及早期断奶等措施，使犊牛顺利、健康度过犊牛期。犊牛出生后对外界不良环境抵抗力较弱，适应力差，消化道黏膜容易被细菌穿过，神经系统反应性不足，很容易受各种病菌的侵袭，发病率高，较易死亡。据统计，约有 60%～70% 的犊牛死亡发生在犊牛出生后第一周。因此，做好犊牛护理，特别是新生犊牛护理对其生长发育至关重要。

（一）技术要点

1. 确保犊牛呼吸

犊牛出生后如果不呼吸或呼吸困难，通常与难产有关。必须首先清除犊牛口鼻中的黏液，使犊牛头部低于身体其他部位或倒提犊牛几秒钟使黏液流出，然后用人工方法诱导犊牛呼吸。

2. 肚脐消毒

呼吸正常后，应立即观察肚脐部位是否出血，如出血则用干净棉花止血。应挤干残留在脐带内的血液后，用高浓度碘酒（7%）或其他消毒剂涂抹脐带。出生两天后应检查犊牛是否有感染。如感染，犊牛表现为精神沉郁，脐带红肿，碰触后犊牛有触痛感。脐带感染可很快发展为败血症，常常引起犊牛死亡。

3. 饲喂初乳

初乳是母牛产犊后 7 天内所分泌的乳汁，它含有丰富的维生素、免疫球蛋白及其他各种营养，尤其富含维生素 A、维生素 D 以及球蛋白和白蛋白，所以初乳是新生犊牛必不可少的营养来源。如果完全不喂初乳，犊牛会因免疫力不足而发生肺炎及血便，使犊牛体重急剧下降。初乳的营养物质和特性随泌乳天数逐日变化，经过 6～8 天初乳的成分接近常乳。因此，犊牛出生后应尽早让犊牛吃上足够的初乳。一般在生后 2 小时内，当幼犊站立起来时，即可喂食初乳。

犊牛饲养环境及所用器具必须符合卫生条件，并且每次饲喂初乳量不能超过犊牛体重的 10%。通常每天 6～8 千克，分 3～5 次饲喂。若母乳不足或产后母牛死亡，可喂其他同期分娩的健康母牛的初乳，或按每千克常乳加 5～10 毫升青霉素或等效的其他抗生素、3 个鸡蛋、4 毫升鱼肝油配成人工初乳代替，另补饲 100 毫升的蓖麻油，代替初乳的轻泻作用。

初期应用奶桶饲喂初乳。一般一手持桶，另一手中指及食指浸入乳中使犊牛吸吮。当犊牛吸吮指头时，将桶提高使犊牛口紧贴牛奶吮吸，如此反复几次，犊牛便可自行哺乳。

饲喂初乳时应注意即挤即喂。温度过低的初乳易引起犊牛胃肠机能失常导致犊牛下痢。温度过高则易发生口炎、胃肠炎等。因此，初乳的温度应保持在 35～38℃。在夏季要防止初乳变质，冬季要防止初乳温度过低（图 4-7）。

晚上出生的犊牛，如到第二天才喂初乳，抗体可能无法被全部吸收，出生后 24 小时的犊牛，抗体吸收几乎停止。犊牛出生后如果在 30～50 分钟以内吃上母牛初乳，可有效保证犊牛生长发育、提高抗病力。

图 4-7 用奶瓶给新生犊牛饲喂初乳

4. 犊牛与母牛隔离

犊牛出生后立即从产房移走并放在干燥、清洁的环境中，最好放在单独圈养的畜栏内。刚出生的犊牛对疾病没有抵抗力，给犊牛创造舒服的环境可减低患病可能性（图 4-8、图 4-9）。

5. 防止犊牛下痢

引起犊牛下痢的原因很多。防止犊牛下痢，应注意以下方面：一是给犊牛喂奶要做到定时、定量、定温。奶温最好在 30～35℃；二是天冷时要铺厚垫料。垫料必须干燥、洁净、保暖。不可使用霉变或被污染过的垫料；三是对有下痢症状的犊牛要隔离，及时治疗；

图 4-8 新生犊牛舒适的饲养环境

图 4-9 犊牛单独哺育

四是保证饲喂的精粗饲料干净，并对环境经常进行消毒。

6.调教犊牛采食、刷拭犊牛

为了避免牛怕人、长大后顶人的现象，饲养人员必须经常抚摸、靠近或刷拭接近牛体，使牛对人有好感，让犊牛愿意接受以后的各种调教。没有经过调教采食的犊牛怕人，人在场时不采食。经过训练后，不仅人在场时会大量采食，而且还能诱使犊牛采食没有接触过的饲料。为了消除犊牛皮肤的痒感，应对犊牛进行刷拭，初次刷拭时，犊牛可能因害怕而不安，但经多次刷拭后，犊牛习惯后，即使犊牛站立亦能进行正常刷拭。

（二）特点

①及时饲喂初乳可使犊牛免疫力提高，不容易发生肺炎等呼吸道疾病及血便，促进犊牛生长发育。

②对新生犊牛采取脐带消毒和人工辅助呼吸等方法，可有效提高其成活率。

③经常刷拭调教犊牛使犊牛长大后更易于管理，经常刷拭牛体增加犊牛皮肤的血液循环，可促进犊牛的生长发育。

（三）成效

应用犊牛护理技术，犊牛的成活率明显提高，犊牛患感冒、脐带感染、下痢等疾病的概率大幅减少。按此技术对 6 月龄以内的犊牛进行护理，可使新生犊牛成活率平均提高12%，犊牛患病率降低 20%，有效提高犊牛成活率，保证犊牛的健康。

（四）案例

2005 年 3～6 月，吉林省农业科学院畜牧分院试验牛场利用此技术护理新生犊牛 36头。犊牛出生后有 3 头呼吸困难，采取辅助呼吸措施，使 3 头犊牛顺利成活；将所有新生犊牛的脐带血挤净，并用 7% 的碘酒对脐带消毒，之后使犊牛与母牛分离，放入单独的干净牛舍内。生下后 0.5～1 小时内给犊牛灌服初乳，第一次用初乳灌服器按犊牛初生重的1/10 计算饲喂初乳量。以后每天饲喂 3 次，每次饲喂量不超过犊牛体重的 1/10，连续饲喂 3 天。

经过对新生犊牛护理，新生犊牛成活率由以前的 85% 提高到 97.92%，提高了 12.92%。新生犊牛后续发病明显减少，发病率由以前的 54% 下降到 12%，健康状况明显改善。

第二节 育肥牛饲养管理技术

一、肉牛异地运输技术

肉牛运输是肉牛育肥及母牛繁殖生产中重要的技术环节。在运输过程中，如果缺乏周密、科学的计划安排和精细的管理，采用的方法不当，将直接影响到以后肉牛养殖的经济效益。肉牛不论是赶运，还是车辆装载运输，都会因生活条件及规律的变化而改变牛正常的生活节奏和生理活动，使其处于适应新环境条件的被动状态，这种反应称为应激反应。应激反应越大，恢复期的饲养时间就越长，受损失也越大。为了减少应激造成的牛只掉重或伤病损失等，应做到科学运输。

肉牛运输常用的工具有火车、汽车等。火车运输费用较低，但时间较长；汽车运输时间较短，灵活，但运费较高。经综合比较，汽车运输优于火车，也是目前普遍采用的运输方式。汽车运输技术主要包括影响肉牛掉重、损失的因素，运输期，恢复期的饲养管理等。

（一）技术要点

1. 影响运输掉重、损失的因素

①运输前牛只饲喂越饱，饮水越多，运输掉重就越大。

②犊牛和青年牛运输掉重的绝对量低于大年龄牛，相对量则高于大年龄牛。

③牛只大小、强弱混载也会造成较高的运输掉重和损失。

④适宜温度（7～16℃）牛只掉重小，炎热条件下运输较寒冷条件下运输时掉重多，造成牛只损失的风险也大。

⑤汽车驾驶员技术好，经验丰富，路况熟悉，运输掉重小。

⑥运输时间越长，掉重也越多；公路路况不好，运输掉重多。

⑦在距离相同时，用汽车运输掉重小于铁路运输。

⑧超载时运输掉重和损失大于正常装载。

⑨运输前对牛只采取药物镇静，可以减少运输掉重。

2. 运输

（1）运输前的准备工作

牛只健康证件：非疫区证明，防疫证，车辆消毒证件等。

车辆：驾驶员运输证件齐全，车况良好。单层车辆护栏高度不低于1.4米，加装顶棚，以避免雨淋、暴晒。车厢底部应放置沙土、干草、麦秸、稻草等防滑垫料（图4-10、图4-11）。

预防或减少应激反应：①牛只选好后，有条件时应在当地暂养3～5天，让新购牛合群，并观察健康状况，确保牛只健康后方可装运。②运输前2～3天开始，每头牛每日口服或注射维生素A 25万～100万国际单位。③在装运前，肌肉注射2.5%的氯丙嗪药物，每100千克活重的剂量为1.7毫升，此种方法在短途运输中效果更好。④装运前6～8小

时应停止饲喂青贮饲料、麸皮、青草等具有轻泻性饲料和易发酵饲料。⑤装运前2～3小时不能过量饮水。

图 4-10 双层运输车

图 4-11 车辆消毒

（2）装运

装车：①设置装牛台，装车过程中切忌任何粗暴行为或鞭、棒打牛只，这种行为将导致应激反应加重，造成更多的掉重和伤害，从而延长牛只恢复时间。对妊娠母牛尤为注意，防止因机械性造成的流产。②合理装载。每头牛根据体重大小应占有的面积是：体重300千克以下每头0.7～0.8平方米，300～350千克每头1～1.1平方米，400千克每头1.2平方米，500千克以上每头1.3～1.5平方米，妊娠中、后期的母牛每头2平方米。③牛只可拴系或不拴系。一般体重较小（300千克以下）可不拴系；拴系的牛只头、尾颠倒依次交替拴系，无角的牛只可带笼头。拴系的绳子不要过长或过短。

运输：①肉牛调运季节最好是春、秋季，冬季调运要做好防寒工作。夏季气温高，不宜调运。②根据调运地点及道路情况，确定运输路线。车速不超过70千米/小时，匀速。转弯和停车前均要先减速，避免急刹车，尤其在上坡、下坡和转弯时一定要缓行。③押运员备有手电和刀具（割缰绳用）。运输途中每隔2～3小时应检查一次牛只状况，及时将趴卧的牛只扶起（拉拽、折尾、针刺尾根，甚至用方便袋闷捂口鼻等办法使其站立起来），以防被踩伤等。④在长途运输过程中，应保证牛只每天饮水2～3次，每头牛每天采食干草3～5千克。⑤运牛车辆到达目的地后，利用装、卸牛台，让牛只自行走下车，也可用饲草引导牛只下车，切忌粗暴赶打。⑥根据牛只体重大小、强弱进行分群（围栏散养）或固定槽位拴系。妊娠母牛要单独组群或拴系管理。当天夜里设专人不定时观察牛只状况，发现问题，及时处理（图4-12）。

图 4-12 留存运输过程影音资料

3. 恢复期饲养管理

①饮水。牛只经过长距离、长时间的运输，应激反应大，胃肠食物少、体内严重失水。此时补水是第一位工作，饮水可分次，不要一次饮足。第一次饮水应在牛只休息 1～2 小时后，每头牛饮水量 5～15 千克，另加 0.1 千克人工盐；第一次饮水后 3～4 小时进行第二次自由饮水，水中可掺些麸皮。切忌暴饮。

②饲喂优质干草。当牛只充足饮水后，便可饲喂优质干草或粉碎后的干玉米秸秆，第一次饲喂每头牛 2～5 千克，2～3 天后逐渐增加给量，5～6 天后可自由采食。

③饲喂混合精料。饲喂干草、秸秆 2～3 天后，开始饲喂混合精料，饲喂量为活重的 0.5% 左右。之后根据牛只采食和粪便状态逐渐增加饲喂量。经过 10～15 天恢复期饲养达到计划精、粗饲料供给量。

④驱除牛体内外寄生虫。如购牛季节是秋季还应预防注射倍硫磷（防牛皮蝇）。

⑤发现有咳嗽、气喘、流鼻涕、拉稀、跛行的牛只应及时查明病因，隔离治疗。

⑥如采用阉牛育肥，应及时阉割去势。方法有无血去势、人工刀割、药物去势等。

⑦牛只完全稳定后进行免疫接种，转入正常饲养。待育肥牛称重后转入育肥期。

⑧注意观察牛只采食、反刍情况，粪便、精神状态，发现异常时处理。

⑨建立技术档案。

（二）特点和成效

适用性、可操作性较强，技术效果和经济效益显著。近 10 年来，畜牧分院试验牛场应用本技术从通榆、临江、皓月牛交易市场、梨树等地调运草原红牛育成公、母牛、怀孕母牛，西门塔尔、安格斯、夏洛莱、利木赞、德国黄牛杂交公牛几十批，计 600 余头，均未出现伤亡及母牛流产等损失，而且经过近 2 周的恢复期饲养，牛只很快达到购牛时的体重或体况，顺利转入到正常饲养。应用本技术可缩短恢复期饲养 10～15 天，降低了饲养成本。

（三）案例

① 2005 年 11 月，由通榆县三家子种牛繁育场收购草原红牛育成公牛（7～8 月龄）60 头，调运到公主岭市吉林省农业科学院试验牛场，单程 350 多千米。从装车、运输，直到卸完牛，共用 8 个小时。装车前平均体重 176 千克，经 15 天的恢复期饲养后称重，平均体重达 172 千克，基本上恢复到购牛时的体重，及时转入育肥期，无 1 头损失。

② 2010 年 10 月，由通榆县三家子种牛繁育场收购草原红牛妊娠母牛（妊娠 4～6 个月）23 头，调运至公主岭市吉林省农业科学院试验牛场，单程 350 多千米。从装车到卸车近 8 个小时，没有 1 头牛流产，经 10～15 天恢复期饲养后，均达到了选牛时的体况。

二、南方肉牛短期育肥技术

肉牛短期育肥技术是指选择 1.5 岁左右、未经育肥或不够屠宰体况的、来源于非疫病区内的健康架子牛，采取提高日粮营养水平和加强饲养管理，在短期内提高肉牛体重、改善牛肉品质的实用技术。

（一）技术要点

1. 饲料准备

饲草料应尽量就地取材，以降低育肥成本。根据育肥场规模大小，备足饲料饲草。南方可种植高产优质禾本科牧草，如桂牧 1 号、黑麦草等。同时，充分利用作物秸秆，如稻草、花生秧等，以及利用食品加工业的副产品，如饼粕、淀粉渣、豆渣、酒糟等（图 4-13、图 4-14）。

图 4-13 育肥肉牛用青饲料   图 4-14 育肥肉牛用精饲料

2. 育肥季节

牛舍内最适宜的温度是 15 ～ 21℃，如果温度过高或过低，都会影响育肥效果。南方肉牛育肥一般选择 9 月份开始至翌年的 6 月份出栏为宜。

3. 架子牛的选择

①品种与体重：各地应根据当地的实际情况，优先考虑选择西门塔尔、夏洛莱、皮埃蒙特等优良肉牛品种与地方优良品种母牛的杂交后代牛作为架子牛；其次也可选择较好的本地品种牛。架子牛体重一般 250 ～ 350 千克。

②年龄与性别：选择 15 ～ 18 月龄的公牛为宜。研究表明：公牛 2 岁前开始肥育生长速度快，瘦肉率高，饲料报酬高。2 岁以上的公牛，宜去势后肥育，否则不便管理。

③外貌与健康状况：选择与年龄相称，生长发育良好的架子牛。身体各部位匀称，形态清晰且不丰满，体型大，体躯宽深，腹大而不下垂，背腰宽平，四肢端正，皮肤薄、柔软有弹性。健康活泼、食欲好、被毛光亮、鼻镜湿润有水珠、粪便正常，腹部不膨胀。

4. 饲养管理

饲养管理分适应期、育肥期 2 个阶段。

（1）适应期

架子牛进场后先隔离观察15天，让牛适应新的环境，调整胃肠机能，增进食欲。第1天，称重、测量体温，发现体温较高或有其他异常情况的牛，应单独隔离管理，用清热解毒中草药保健治疗。牛到场3～4小时后第一次饮水时，水中可添加适量食盐，少饮多次，切忌暴饮，稻草适量。第2天，饮水仍少饮多次，稻草自由采食，食槽内可适量掺撒些麸皮、玉米粉。第3天，饮水2次，开始喂混合精料，加入少量的青饲料和粗饲料。第4～7天，精料饲喂量逐步增加到每头每日1.5千克，青饲料和粗饲料（酒糟、豆渣等）适量，每日让牛采食七成饱即可。第8～15天，要进行穿鼻、打耳号建档，期间完成驱虫健胃，免疫注射，注意观察牛的食欲、粪便、精神状况及鼻镜汗珠等情况，做好记录，发现异常，及时隔离处理。15天后饲料采食恢复正常，按品种、年龄、体重分群饲养，进入育肥牛舍。

（2）育肥期

架子牛育肥分为育肥前期、育肥中期和育肥后期3个阶段。

①育肥前期：此期一般为2个月左右。当架子牛转入育肥栏后，要诱导牛采食育肥期的日粮，逐渐增加采食量。日粮中精饲料饲喂量应占体重的0.6%，自由采食优质粗饲料（青饲料或青贮饲料、糟渣类等）。日粮中粗蛋白质水平应控制在13%～14%，可消化能（DE）含量3～3.2兆卡/千克，钙含量0.5%、磷含量0.25%。

②育肥中期：一般为5～6个月。精饲料饲喂量占体重的0.8%～1%，自由采食优质粗饲料（切短的青饲料或青贮饲料、糟渣类等）。日粮能量水平逐渐提高，日粮中粗蛋白质含量应控制在11%～12%，可消化能（DE）含量3.3～3.5兆卡/千克，钙含量0.4%、磷含量0.25%。

③育肥后期（催肥期）：一般为50～60天。此阶段应减少牛的运动量，降低热能消耗，促进牛长膘、沉积脂肪，提高肉品质。日粮中精饲料采食量逐渐增加，由占体重的1%增加至1.5%以上，粗饲料逐渐减少，当日粮中精料增加至体重的1.2%～1.3%时，粗饲料约减少2/3。日粮中能量浓度应进一步提高，日粮中粗蛋白质含量逐步下降到9%～10%，可消化能（DE）含量3.3～3.5兆卡/千克，钙含量0.3%、磷含量0.27%（图4-15、图4-16）。

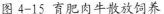
图4-15 育肥肉牛散放饲养　　　　图4-16 育肥肉牛拴系单槽饲喂

（3）日常管理

①饲料种类应尽量多样化，粗饲料要切碎，不喂腐败、霉变、冰冻或带沙土的饲料。

每日饲喂 2 次，要先粗后精，少喂勤添，饲料更换要采取逐渐过渡的饲喂方式。

②短绳拴系饲养，限制运动。经常刷拭，保持牛体清洁。定时清扫栏舍粪便，保持牛床清洁卫生。

③在育肥开始前应进行体内外驱虫，驱虫 3 日后，用大黄苏打片健胃。牛舍、牛床需定期消毒，要有防蚊蝇的措施。

④自由饮水，水质符合 NY 5027-2001《无公害食品畜禽饮用水水质》。

⑤定期称重，并根据增重情况合理调整日粮配方。饲养人员要注意观察牛的精神状况、食欲、粪便等情况，发现异常应及时报告和处理。应建立严格的生产管理制度和生产记录。

⑥架子牛一般经过 6～10 个月的育肥，食欲下降、采食量骤减、喜卧不愿走动时，就要及时出栏。

（二）特点

①该技术简单易操作，适合在广大中小养殖场（户）推广应用。

②育肥时间短，市场风险较小，能充分利用各种资源，获得较好的养殖效益。

③便于集约化、标准化生产，粪污可实现无害化、资源化利用，能较好地实现农牧结合循环利用。

④异地购牛存在着个体应激、体重消耗及带疫风险等缺点。

（三）成效

①养殖效益明显。通过近三年肉牛生产情况调研，购进 1 头 250 千克左右的架子牛，出栏体重 600 千克左右，育肥期 10 个月，除去购牛费、饲料费、其他费用（防疫、人工、水电、栏舍分摊等），每头盈利约 1700～2200 元。

②合理利用各地自然资源条件。北方具有草地资源丰富、养殖成本较低、非常适合母牛大群放牧饲养的优势，而南方具有较丰富的青绿饲料和各类副产品资源，为育肥牛养殖提供了良好的物质基础，两地有机结合，可实现资源互补，提高养殖效益，生产优质牛肉，满足市场消费需求。

（四）案例

江西省高安市裕丰农牧有限公司是国家级肉牛标准化示范场和国家肉牛牦牛产业技术体系综合试验站，现有全封闭和半封闭栏舍约 5000 平方米，年存栏牛 960 头，2011 年出栏商品肉牛 1560 头。其肉牛育肥采取的主要措施如下。

①选购适合的架子牛。从本省购进架子牛体重为 100 千克以上，品种主要是本地牛、杂交一代或杂交二代牛，育肥到 550 千克左右出售。从吉林等外省购进的架子牛体重在 250～350 千克，饲养时间 6～10 个月，出栏体重为 550～650 千克。

②日粮组成多样化。主要为精料、青饲料、青贮饲料、豆渣、酒糟、醋糟以及农作物秸秆。

③实行分阶段饲养。架子牛购进后适应期饲养管理同上。育肥期分为育肥前期、育肥中期和强度催肥期。育肥前期（2 个月），每日每头育肥牛日粮组成及参考饲喂量为：精饲

料饲喂量占体重的0.6%，青饲料8～10千克，豆渣1.5～2.5千克，啤酒糟1.5～2.5千克，酒糟4～5千克（自由采食）。育肥中期（5～6个月），每日每头育肥牛日粮组成及参考饲喂量为：精饲料采食量占体重的0.8%，切短的牧草20～25千克，酒糟4～5千克（自由采食），啤酒糟3～4千克，豆渣3～5千克。育肥后期（50～60天），每日每头育肥牛日粮参考饲喂量：精饲料占体重的比例由1%逐渐增加至1.5%以上，粗饲料逐渐减少。前10天粗料减少约1/3，当精料增加到占体重的1.2%～1.3%时，粗饲料减少约2/3。

④加强日常管理。采取单槽饲喂，先粗后精饲喂方式，定人、定位、定槽、定时、定量给料，每天6：00～8：00，16：00～17：00分两次投喂。夏季每天上午喂料前将精饲料与糟渣类饲料混匀，冬季下午将精饲料与糟渣类饲料混匀，供下午和第二天上午两次饲喂。冬季门窗用帆布遮挡防寒，夏季舍内安装电风扇或风机加水喷雾降温。每天定时清扫牛床粪便2次。牛舍、牛床、牛槽每周消毒1次。夏季13～15天灭蚊蝇1次，2头牛共用1个水槽，自由饮水，冬季不能饮冰碴水。育肥牛每月称重1次。饲养人员注意观察牛的精神状况、采食、粪便等情况，发现异常及时报告和处理（图4-17、图4-18）。

图 4-17 育肥牛舍通风设施　　　　图 4-18 育肥肉牛饲料配制

三、奶公牛短期快速育肥技术

奶公牛短期快速育肥技术一般选择适龄奶公牛（架子牛），在较短时间内采用高能日粮饲喂，育肥120～150天出栏屠宰。高能日粮是指每千克日粮中代谢能10.9兆焦以上，或日粮中精料的比例70%以上。

（一）技术要点

1.奶公牛的选择

架子牛通常是指体重在250～350千克、年龄1.5岁左右公牛或阉牛。它们生长发育整齐，增重速度快，易于育肥，有利于采取统一的饲养管理方式。

2.分阶段育肥

奶公牛的饲喂要控制好饲喂次数、饲喂量和精、粗料的配比，不应随意改变饲喂时间、饲料种类及日粮配方，通常采用分阶段饲养方式。

①恢复期10～15天。架子牛经过较长距离、时间的运输到育肥场后，易产生应激反应，并且对饲料、饲养方法、饮水及环境条件等需要一个适应恢复过程，恢复期日粮应以青干草为主，或50%青干草加50%青贮饲料。

②过渡期15～20天。经过恢复期饲养，架子牛基本适应新的生活环境和饲养条件，日粮可以由粗料型向精料型过渡。将精料和青贮饲料充分拌匀后饲喂，连续喂几次后，逐渐提高精料在日粮中的比例。过渡期结束时，日粮中精料的比例应占40%～45%。

③催肥期110～120天。在催肥期内，日粮中精料的比例应越来越高，从55%可提高到80%。这样可以大大提高肉牛的生长潜力，满足生长需要，提高日增重。当公牛体格丰满、体重达到500千克以上时，即可出栏。

3. 饲养

①饲喂次数。一般每天早晚各喂1次，间隔为12小时，确保牛有充分的休息、反刍时间，减少牛的运动。

②饲喂方法。将精、粗、青料按照一定的比例制作成全混合日粮（TMR）饲喂，可提高饲料利用率。也可先喂粗料，后喂精料，保证牛能吃饱，对于粗料，最好进行湿拌、浸泡、发酵、切短或粉碎等处理，促进牛多采食，减少食槽中的剩料量。饲喂时要做到定时、定量、定序，少喂勤添。

③营养需要。以肉牛饲养标准为依据，根据饲料中所含营养物质的量，科学配制日粮，确保蛋白质、能量、矿物质需要。为了促进肉牛生长，可使用莫能霉素等添加剂。在大量使用精料的情况下，还应使用碳酸氢钠等缓冲剂，防止肉牛出现酸中毒，用量一般占日粮干物质的1%～1.5%。

4. 管理

日常管理要重点做好编号、分群、驱虫、消毒和防疫等工作。

①称重。育肥过程中最好每月称重1次，通过称重可准确掌握育肥牛生长情况，及时挑选出生长速度慢的牛，尽早处理。一般在早晨饲喂前空腹称重。为减轻劳动强度，可以随机抽取存栏数的10%，计算平均增重，估算全群牛的增重。

②编号。编号对生产管理、称重统计和防疫治疗工作都具有重要意义。编号在犊牛出生时进行，也可在育肥前进行。异地育肥时，应在牛进场后立即编号。编号方法有耳标法、挂牌法、漆记法、剪毛法、烙印法。

③分群。育肥前应根据育肥牛的体重、性别、年龄、体质及膘情情况合理分群饲养，便于根据不同生理状态采取不同的饲料和饲养管理方式，促进牛的生长，提高劳动效率和经济效益。拴系饲养时，牛群的大小应以便于饲喂为前提合理组群。

④驱虫和消毒防疫。架子牛过渡饲养期结束，转入育肥期之前，应做一次全面的体内外驱虫和防疫注射，放牧饲养牛应定期驱虫。牛舍、牛场应定期消毒。每出栏一批牛，牛舍要彻底进行清扫消毒。

⑤去势。2岁以内的公牛不去势育肥效果好，生长迅速，胴体品质好，瘦肉率和饲料转化率高。2岁以上的公牛应考虑去势，否则不便管理，且肉中有腥味，影响胴体品质。

⑥限制运动。拴系舍饲育肥方式，可定时牵到运动场适当运动。运动时间夏季在早晚，

冬季在中午。放牧饲养方式，在育肥后期一定要缩短放牧距离，减少运动，增加休息，以利于营养物质在体内沉积。

⑦刷拭牛体。每日刷拭牛体，可促进血液循环，提高代谢水平，有助于牛增重。一般每天用棕毛刷或钢丝刷刷拭 1～2 次，刷拭顺序应由前向后，由上向下。

（二）特点

近年来，农民养母牛的积极性已不如从前，我国肉牛资源比较紧缺。目前，奶公犊牛价格相对便宜，利用奶公牛育肥既利用了奶公犊牛资源，又解决了肉牛生产牛源紧张的问题。

（三）成效

在奶牛生产中，犊牛比例通常是公、母各半。母犊牛主要作为奶牛后备牛饲养，公犊牛因不能产奶，除少量用作培育种公牛外，大多经简单喂养后宰杀。在目前育肥架子牛价格高、购买难的情况下，利用奶公牛育肥，可充分发挥奶公犊初生体重大、饲料转化率高和增重快的优点，生产优质牛肉，为养殖户增收开辟一条新路子，也为增加牛源和牛肉供应找到一个新途径。

（四）案例

2005～2012 年，黑龙江省讷河北方肉牛养殖场进行了奶公牛短期育肥饲养见表 4-3。饲养周期 120 天，每头育肥牛饲养成本 9532 元，头均销售收入 11000 元，头均纯收入 1468 元。

表 4-3 肉牛不同肥育阶段日粮营养水平（供参考）

项 目		金额（元）	备 注
饲养成本	饲料成本	2160	每头每天饲料成本 18 元。其中，玉米 2.5 千克×2.2 元 =5.5 元、豆粕 1.5 千克×3 元 =4.5 元、酒糟 15 千克×0.4 元 =6 元、秸秆 1.5 元、微量元素 0.5 元
	人工和水电费	132	按饲养周期 4 个月，每人饲养 50 头牛、月工资 1500 元计算
	牛舍摊销	40	
	架子牛成本	7200	按架子牛平均体重 400 千克，每千克体重 18 元计算
	合计	9532	
销售收入		11000	按育肥牛出栏平均体重 550 千克、每千克体重 20 元计算
养殖效益		1468	

四、肉牛持续育肥技术

持续育肥是指犊牛断奶后，立即转入育肥阶段进行育肥，一直到 18 月龄左右、体重达到 500 千克以上时出栏。持续育肥由于饲料利用率高，是一种较好的育肥方法。持续育肥主要有放牧持续育肥、放牧加补饲持续育肥和舍饲持续育肥 3 种方法（图 4-19）。

图 4-19 育肥牛舍

（一）技术要点

1. 放牧持续育肥法

在草质优良的地区，通过合理调整豆科牧草和禾本科牧草的比例，不仅能满足牛的生理需要，还可以提供充足的营养，不用补充精饲料也可以使牛日增重保持 1 千克以上，但需定期补充一定量的食盐、钙磷和微量元素。

2. 放牧加补饲持续育肥法

在牧草条件较好的地区，犊牛断奶后，以放牧为主，根据草场情况，适当补充精料或干草。放牧加舍饲的方法又分为白天放牧、夜间补饲和盛草季节放牧、枯草季节舍饲两种方式。放牧时要根据草场情况合理分群，每群 50 头左右，分群轮放。我国 1 头体重120 ～ 150 千克的牛需 1.5 ～ 2 公顷草场。放牧时要注意牛的休息和补盐，夏季防暑，抓好秋膘。

3. 舍饲持续育肥法

舍饲持续育肥适用于专业化的育肥场。犊牛断奶后即进行持续育肥，犊牛的饲养取决于育肥强度和屠宰时月龄，强度育肥到 14 月龄左右屠宰时，需要提供较高的营养水平，以使育肥牛平均日增重达到 1 千克以上。在制订育肥生产计划时，要综合考虑市场需求、饲养成本、牛场的条件、品种、育肥强度及屠宰上市的月龄等，以期获得最大的经济效益。

育肥牛日粮主要由粗料和精料组成，平均每头牛每天采食日粮干物质约为牛活重的 2%

左右。舍饲持续育肥一般分为 3 个阶段。

①适应期。断奶犊牛一般有 1 个月左右的适应期。刚进舍的断奶犊牛,对新环境不适应,要让其自由活动,充分饮水,少量饲喂优质青草或干草,精料由少到多逐渐增加喂量,当进食 1～2 千克时,就应逐步更换正常的育肥饲料。在适应期每天可喂酒糟 5～10 千克,切短的干草 15～20 千克(如喂青草,用量可增 3 倍),麸皮 1～1.5 千克,食盐 30～35 克。如发现牛消化不良,可每头每天饲喂干酵母 20～30 片。如粪便干燥,可每头每天饲喂多种维生素 2～2.5 克。

②增肉期。一般 7～8 个月,此期可大致分成前后两期。前期以粗料为主,精料每日每头 2 千克左右,后期粗料减半,精料增至每日每头 4 千克左右,自由采食青干草。前期每日可喂酒糟 10～20 千克,切短的干草 5～10 千克,麸皮、玉米粗粉、饼类各 0.5～1千克,尿素 50～70 克,食盐 40～50 克。喂尿素时要将其溶解在少量水中,拌在酒糟或精料中喂给,切忌放在水中让牛直接饮用,以免引起中毒。后期每日可喂酒糟 20～25 千克,切短的干草 2.5～5 千克,麸皮 0.5～1 千克,玉米粗粉 2～3 千克,饼渣类 1～1.25千克,尿素 100～125 克,食盐 50～60 克。

③催肥期。一般 2 个月,主要是促进牛体膘肉丰满,沉积脂肪。日喂混合精料 4～5千克,粗饲料自由采食。每日可饲喂酒糟 25～30 千克,切短的干草 1.5～2 千克,麸皮 1～1.5 千克,玉米粗粉 3～3.5 千克,饼渣类 1.25～1.5 千克,尿素 150～170 克,食盐 70～80 克。催肥期每头牛每日可饲喂瘤胃素 200 毫克,混于精料中喂给效果更好,体重可增加 10%～15%。

在饲喂过程中要掌握先喂草料,再喂精料,最后饮水的原则,定时定量进行饲喂,一般每日喂 2～3 次,饮水 2～3 次。每次喂料后 1 小时左右饮水,要保持饮水清洁,水温 15～25℃。每次喂精料时先取干酒糟用水拌湿,或干、湿酒糟各半混匀,再加麸皮、玉米粗粉和食盐等拌匀。牛吃到最后时,拌入少许玉米粉,使牛把料槽内的食物吃干净。

(二)特点

①放牧持续育肥法和放牧加补饲持续育肥法优点是可以节省大量精饲料,降低饲养成本。缺点是育肥时间相对较长。

②舍饲持续育肥法优点是饲养周期短,饲料转化率高,出栏牛肉质细嫩,经济效益好。缺点是生产投入成本高。

(三)成效

持续育肥技术是肉牛育肥采用最多的方式之一,应用持续育肥技术的育肥牛生长发育速度快,肉质细嫩鲜美,脂肪含量少,适口性好,牛肉商品率高。同时,牛场也增加了资金周转次数,提高牛舍的利用率,经济效益明显。

(四)案例

吉林省坤成牧业公司牛场选择出生日期和体重相近、血统清楚、健康无病的 6 个月龄断奶小公牛 30 头,在冬保温、夏避暑的封闭式牛舍拴系饲养,持续育肥,育肥期 326 天,18 月龄出栏。按血缘将牛分为 2 组,其中草原红牛 15 头,体重为 (173.15±18.38) 千克;红草 F_1 杂交牛 15 头,体重 (172.58±19.19) 千克。在相同的饲料给量及饲养管理条件下育肥,分批次屠宰,测定其产肉性能。

预试期 15 天,进行驱虫、健胃、调教和训练采食试验日粮。试验期每天定时喂、饮两次,清粪两次。营养参照我国肉牛饲养标准,采取前中后高营养水平,精粗饲料定量供给。全期平均每头日采食混合精料 3.25 千克,其中玉米 62%、玉米酒精粕 15%、玉米麸子粕 20%、添加剂预混料 2%、食盐 1%,NPN 50 克、玉米酒糟(玉米芯为辅料)6.41 千克、玉米秸青贮 3.75 千克,干玉米秸 3.28 千克。在相同日粮水平及饲养管理条件下,经 326 天育肥,草原红牛和红草 F_1 杂交牛出栏体重分别为 (494.58±30.45) 千克和 (517.51±36.31) 千克,平均日增重分别为 (1.08±0.11) 千克和 (1.19±0.13) 千克,胴体重分别为 (288.63±26.80) 千克和 (321.58±26.15) 千克,屠宰率分别达到 (58.36±2.48)% 和 (62.14±4.43)%,眼肌面积分别为 (95.88±5.70) 平方厘米和 (97.8±6.63) 平方厘米,大理石花纹分别为 (3.91±0.34) 和 (4.25±0.59)。采用舍饲持续育肥法不仅可以使育肥牛适时出栏,而且产肉量大,肉质细嫩(图 4-20、图 4-21)。

图 4-20 断奶小公牛　　　　　　　　　　图 4-21 育肥牛

五、架子牛快速育肥技术

肉牛架子牛快速育肥技术是指犊牛断奶后在低营养水平下饲养到 12～18 月龄后,再供给较高的营养水平日粮,集中快速育肥 3～6 个月,活重达到 550 千克左右时出栏屠宰。

(一)技术要点

1. 架子牛选择

达到体成熟的公牛、阉牛或膘情中等淘汰母牛均可作为育肥牛源。育肥架子牛应品种优良,健康无病,生长发育良好,免疫档案齐全。外地购进牛要查看免疫、检疫手续是否齐全。

①品种。以当地母牛与西门塔尔、夏洛莱、利木赞、安格斯等优良国外肉牛品种的杂

交改良牛为主，用"三元"杂交架子牛育肥效果最好。

②年龄。12 ～ 18 月龄。

③性别。一般选择公牛，也可选择去势公牛和膘情中等的淘汰母牛。

④体重 250 ～ 400 千克，膘情中等，个别有生长潜力体重在 500 千克左右也可育肥。

⑤外形。健康无病，身体紧凑匀称、体宽而深、四肢正立、整个体形呈长方形。

2. 育肥方式

一般采用分阶段育肥，即过渡期（10 ～ 15 天），育肥前期（15 ～ 65 天），育肥后期（65 ～ 120 天）。

过渡饲养期：刚进场的牛要有 15 天左右适应环境和饲料。日粮以粗饲料为主，先饲喂秸秆（长 3 厘米稻草、麦草等），青贮逐渐增加。精饲料少量添加，每天每头牛饲喂 0.5 千克精料，与粗饲料拌匀后饲喂，喂量逐渐增加到体重 1% ～ 1.2%，尽快完成过渡期。

育肥前期：干物质采食量逐步达到 8 千克，日粮粗蛋白质 12%，精粗比为 55 : 45，预计日增重 1.2 ～ 1.4 千克。

育肥后期：干物质采食量 10 千克，日粮粗蛋白质 11%，精粗比为 65 : 35，预计日增重 1.5 千克以上。饲喂时，一般采用先粗后精的原则，先将青贮添入槽内让牛自由采食，等吃一段时间之后（约 30 分钟），再加入精饲料，并与青贮充分拌匀，最大限度地让牛吃饱。采用全混合日粮饲喂时，精粗料必须充分混合见表 4-4、表 4-5。

表 4-4　肉牛不同育肥阶段日粮营养水平（供参考）

活重（千克）	预计日增重（千克）	干物质（千克）	粗蛋白质（克）	钙（克）	磷（克）	综合净能（兆焦）	肉牛能量单位（RND）	育肥期（天）
40 ～ 210	0.6 ～ 0.8	3 ～ 5.85	200 ～ 710	20 ～ 33	10 ～ 16	10.2 ～ 30	1.5 ～ 3.52	180 ～ 240（前期饲喂代乳料）
210 ～ 450	1.3 ～ 1.8	6.0 ～ 9.25	720 ～ 962	35 ～ 37	16 ～ 21	30.2 ～ 63.5	3.5 ～ 8	120 ～ 180
450 ～ 550	1.8 ～ 2.1	9.3 ～ 10.62	965 ～ 1120	33 ～ 36	20 ～ 24	64 ～ 75	8.0 ～ 8.85	60

表 4-5　肉牛不同育肥阶段精料配方（供参考）

阶段	精料配方（%）								粗饲料
	玉米	豆粕	棉粕	菜粕	麸皮	食盐	小苏打	正大预混料	
过渡期（15 天）	50	10	10	8	15	1	1	5	干草
前期（60 ～ 90 天）	60.5	7	17	8	0	1	1.5	5	青贮 + 少量干草
后期（60 ～ 90 天）	65.5	7	15	5	0	1	1.5	5	自由采食

3. 饲养方式

①散栏饲养：将体重、品种、年龄相似的待育肥肉牛饲养在同一栏内，便于调整和控制日粮采食量，做到全进全出。

②拴系饲养：是将牛按照大小、强弱定好槽位，拴系喂养。优点是采食均匀，可以个别照顾，减少争斗、爬跨，利于增重。但饲养劳动量大，牛舍利用率低。

4. 管理要点

①新购架子牛管理。新购牛运输前肌肉注射维生素 A、维生素 D，并喂 1 克土霉素。经过长、短途运输到达牛场后，先提供清洁饮水，分多次饮用。夏天每头牛还应补充 100 克人工盐。到达育肥场后应隔离一周，观察精神、采食、饮水正常后，及时进行免疫注射。日粮以粗饲料为主，严格控制精饲料喂量。按体重、品种、膘情合理分群，佩戴耳标，驱虫健胃。

②育肥期间管理。架子牛育肥期间每日一般饲喂两次，早晚各 1 次。精料按要求饲喂，粗料自由采食。饲喂半小时后饮水 1 次，限制运动。夏季温度高时，饲喂时间应避开高温时段。搞好环境卫生，避免蚊蝇对牛的干扰和传染病发生。气温低于 0℃时需采取保温措施，高于 27℃时应防暑降温。每天观察牛只，发现异常及时处理。定期称重，根据牛的生长及采食剩料情况及时调整日粮，增重太慢的牛需尽快淘汰。膘情达一定水平（500 千克以上），增重速度减慢时应及时出栏。

（二）特点

该技术适用于牛骨架子已长成，通过强度育肥可快速增加肉牛体重，改善牛肉品质，降低饲料成本，缩短其育肥时间，加快资金周转的速度。利用架子牛快速育肥是我国目前肉牛生产主要方法。

（三）成效

通过该技术的应用，架子牛经过 3 ~ 5 个月强度育肥，体重从 300 ~ 350 千克增加到 500 千克以上时，即可出栏屠宰。育肥牛屠宰率 56% ~ 60%，净肉率 48% ~ 50%，日增重平均达到 1400 克以上，牛肉品质明显改善。

（四）案例

甘肃康美现代农牧产业集团公司是一家集肉牛规模化养殖、饲草料开发、肉牛屠宰、加工、销售、餐饮为一体的大型肉牛产业化集团公司，年肉牛饲养规模 5000 余头，年屠宰能力达 6 万头。公司按"订单农业"形式，带动周边农户种植专用饲用玉米 800 公顷、育肥出栏优质肉牛 5 万头以上。架子肉牛快速育肥技术在康美公司肉牛育肥基地应用多年，育肥牛增重快，牛肉品质好，收益稳定，受到了养殖户的普遍欢迎，架子牛快速育肥技术广泛推广应用（图 4-22 至图 4-25）。

图 4-22 称重设备

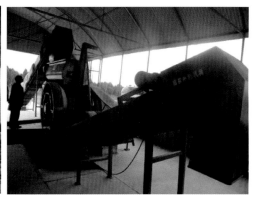
图 4-23 牧草秸秆压缩设备

图 4-24 牛舍

图 4-25 育肥牛

六、奶公犊直线育肥技术

近年来，随着奶牛业的发展，奶公牛的利用越来越受到重视。奶公牛直线育肥技术即是奶公牛持续强度育肥，犊牛断奶后直接转入育肥阶段，给以高水平营养，不用吊架子。奶公牛直线育肥饲养可分为 3 个时期：犊牛期、育成期和催肥期。采用舍饲与全价日粮饲喂的方法，经过 16 ～ 18 月龄的饲喂期，体重达到 500 千克以上，全期日增重 0.8 ～ 1 千克，消耗日粮精饲料约 2 千克 / 天。

（一）技术要点

1. 犊牛饲养管理

犊牛是指出生到 6 月龄的牛。一般按月龄和断奶情况分群管理，可分为哺乳犊牛（0 ～ 3 月龄）、断奶后犊牛（3 ～ 6 月龄）。

（1）新生犊牛护理

适宜环境：犊牛生活环境应清洁、干燥、宽敞、阳光充足、冬暖夏凉，最适宜温度为 15℃。

清除黏膜：犊牛出生后首先清除口鼻中的黏液，方法是使小牛头部低于身体其他部位或倒提几秒钟使黏液流出，然后用人为方法诱导呼吸。用布擦净身上黏液，然后从母牛身边移开。

断脐带：挤出脐内污物，用 7% 碘液消毒肚脐并在离肚脐 5 厘米处打结脐带或用夹子夹住，出生两天后应检查小牛是否有感染。

喂初乳：犊牛出生 1 小时之内要保证首次吃上初乳，饲喂量为犊牛体重的 10%，用胃管灌服或自由哺乳均可，初乳适宜温度约 38℃，12 小时之后再饲喂一次 10% 体重的初乳。

补充营养：要适当补充一些维生素 A、维生素 D、维生素 E、亚硒酸钠和牲血素。犊牛料中可适当添加生长素 0.26%，腐殖酸钠 1.03%。

打耳标和做记录：犊牛出生 10 日内，打耳号、去角、照相、登记谱系。标准化的耳号书写上面是场号，下面是牛号。牛谱系要求填写清楚、血统清晰。

去角：2 周内去角，采用苛性钠或电烙铁方法。如遇蚊蝇较多的季节，应在伤口处涂上油膏以防蚊蝇。

（2）犊牛饲养

营养需要：哺乳期 60 ~ 90 天，全期哺乳量 300 ~ 400 千克，精料喂量 185 千克，干草喂量 170 千克。期末体重达 155 ~ 170 千克。

喂常乳、开食料：犊牛提早饲喂初乳，7 日龄后转喂常乳，并开始饲喂开食料，料、奶、水需分开饲喂。

断奶：犊牛 10 日龄开始采食干草，随着日龄增长，开食料也相应增加，3 月龄精料采食量逐渐增加到 1 ~ 1.5 千克，可以断奶。断奶后，按犊牛月龄、体重进行分群，把年龄、体重相近的犊牛放在同群中。6 月龄以前精料采食量增至 2 ~ 2.5 千克。60 日龄开始加喂青贮，首次喂量 0.1 ~ 0.15 千克，5 ~ 6 月龄青贮平均头日喂量 3 ~ 4 千克，优质干草 1 ~ 2 千克。日粮 Ca : P 比例不超过 2 : 1。

饮水：早期断奶犊牛饮水量是干物质采食量的 6 ~ 7 倍。除了喂奶后需给予饮用水外，还应设水槽供水，早期（1 ~ 2 月龄）要供温水，水质应符合相关要求。

卫生：犊牛饲养用具及环境要保持干净。奶桶喂奶后用 40℃ 高锰酸钾溶液（0.5%）浸泡毛巾，将犊牛嘴鼻周围残留的乳汁及时擦净。哺乳用具每次用完后应清洗、消毒。犊牛围栏、牛床等应保持干燥定期消毒。

运动：犊牛出生 1 周后可在圈内或笼内自由运动，10 天后可到舍外的运动场上做短时间的运动。一般开始时每次运动半小时，一天运动 1 ~ 2 次，随着日龄的增加可延长运动时间。

转群：犊牛断奶后需进行布病和结核病检疫，并进行口蹄疫疫苗和炭疽芽孢苗免疫接种。满 6 月龄时称体重、测体尺，转入育成牛群饲养。

疾病预防：每日仔细观察犊牛精神状态、食欲、生长发育、粪便等。定期进行体温、呼吸及血尿常规检查，预防疾病发生。如发现异常，及时进行处置。

2. 育肥期和催肥期饲养管理

（1）饲养

育肥：一般为 150 天。催肥期：一般为 100 ~ 130 天。见表 4-6、表 4-7。

表4-6　育肥期日粮配方（供参考）

月龄	精料配方（%）							饲喂量［千克／（日·头）］		
	玉米	麸皮	豆粕	棉粕	石粉	食盐	碳酸氢钠	精料	青贮玉米秸	干草
7～8	32.5	24	7	33	1.5	1	1	2.2	6	1
9～10								2.8	8	1.5
11～12	52	14	5	26	1	1	1	3.3	10	1.8
13～14								3.6	12	2
15～28	67	4	–	26	0.5	1	1.5	4.1～7	14～20	2

表4-7　催肥期日粮配方（供参考）

精料配方（%）						饲喂量［千克／（日·头）］		
玉米	麸皮	棉粕	尿素	食盐	石粉	精料	酒糟	玉米秸
80.8	7.8	7	2.1	1.5	0.8	7.5	12	1.8
85.2	5.9	4.5	2.3	1.5	0.6	8.2	13.1	1.8
72.7	6.6	16.8	1.4	1.5	1	6	1.1	7.2
78.3	1.6	16.3	1.8	1.5	0.5	6.7	0.3	8.6

（2）管理

转群：犊牛6月龄后转入育肥舍饲养。牛只转入前，育肥舍地面、墙壁可用2%火碱溶液喷洒，器具用1%的新洁尔灭溶液或0.1%的高锰酸钾溶液消毒。

驱虫：6月龄犊牛使用伊维菌素进行驱虫处理，用量为每千克体重0.2克。注射后2～5小时要注意观察牛只情况，如有异常，及时进行解毒处理。

饲喂：日饲喂3次，早、中、晚各1次。经常观察牛采食、反刍、排便和精神状况。禁止饲喂冰冻的饲料。

饮水：保证充足饮水，一般在饲喂后1小时内饮水，冬季饮温水。

出栏：当奶公牛16～19月龄，体重达500千克，全身肌肉丰满，即可出栏。

（二）特点

奶公犊断奶后采用直线育肥方式，强度培育至12～15月龄屠宰，可有效利用奶牛繁育生产的小公牛，扩大育肥牛来源，提高饲料资源利用率，降低养殖成本。同时，缩短育肥周期，提高牛肉品质。

（三）成效

奶业波动和肉牛业牛源不足，使奶公犊资源利用逐渐成为政府、养殖企业、农户和研究者共同关注的焦点。黑龙江省是我国重要的奶牛生产区域，2009年全省奶牛存栏236.2万头，奶公犊牛年生产为42.5万头，可为肉牛养殖提供丰富的牛源。应用奶公犊直线育肥技术，犊牛成活率明显提高，犊牛患病率大幅减少。直线育肥的奶公犊具有生长快、育肥成本低的优势，提高犊牛附加值，肉牛养殖企业也可获得较高的利润。目前，黑龙江省多家肉牛饲养企业开始了奶公犊牛育肥，取得了很好的经济效益。

（四）案例

黑龙江省齐齐哈尔市元顺肉牛场以肉牛育肥为主，占地约6.7公顷。现有2栋标准化成年牛舍，年出栏育肥肉牛500头肉牛。2009～2011年，牛场使用奶公牛直线育肥饲养技术，提高了犊牛成活率，降低了发病率，节省兽药费20元/头。采用早期断奶技术，节省鲜奶46千克/头，使用代乳料饲喂犊牛降低了饲养成本，每头牛饲养费共减少150元。出栏牛平均体重410千克，平均售价7380元，平均饲养饲料成本4157元，头均利润3223元，500头育肥牛总利润161.15万元。该技术的应用不但解决了牛源不足的问题，而且具有很好的社会效益和经济效益（图4-26至图4-30）。

图4-26 奶公牛育肥

图4-27 户外奶桶饲喂犊牛

图4-28 舍内犊牛群

图4-29 夏季运动场设遮阳棚

图 4-30 运动场内犊牛

七、全混合日粮饲喂技术

全混合日粮（total mixed ration，简称 TMR）是指根据肉牛不同生长发育阶段营养需要和饲养方案，用特制的搅拌机将铡切成适当长度的粗饲料、精料和各种添加剂，按照配方要求进行充分混合，得到的一种营养相对平衡的日粮。TMR 饲喂技术 20 世纪 60 年代在美国、英国、以色列等国家首先采用，20 世纪 80 年代引入中国。目前，国内规模奶牛场已普遍使用，规模化肉牛场已开始应用这项技术。

（一）技术要点

1. 合理分群

合理分群可细化管理，充分满足肉牛不同发育阶段对营养需求。分群时要根据牛群年龄、体重、生长（产）阶段、体况、日粮营养水平、养殖规模等来确定。

2. 配方设计及原料选择

根据养殖场饲草资源、分群大小和实际养殖情况，合理设计日粮配方。日粮种类可以多种多样。粗饲料主要包括：青贮饲料、青干草、青绿饲料、农副产品、糟渣类饲料等。精饲料主要包括：玉米、麦类谷物、饼粕类、预混料等。根据各牛群特点，每个牛群可以单独制订 TMR 日粮，或者制作基础 TMR+ 精料（草料）的方式来满足不同牛群营养需要。

3. 饲料原料与日粮检测

测定原料的营养成分是科学配制 TMR 的基础，因原料产地、收割季节及调制方法不同，TMR 日粮干物质含量和营养成分差异较大，故 TMR 日粮每周应化验 1 次或每批化验 1 次。

4. 加工制作方法

人工加工：将配制好的精饲料与定量的粗饲料（干草应铡短至 2～3 厘米）经过人工方法多次掺拌，至混合均匀。加工过程中，应视粗饲料的水分多少加入适量的水（最佳水分含量为 35%～45%）。

机械加工：应用全混合日粮（TMR）专用加工设备，将干草、青贮饲料、农副产品和精饲料等原料，按照"先干后湿，先轻后重，先粗后精"的顺序投入到设备中。通常适宜装载量占总容积的 60% ～ 75%。加工时通常采用边投料边搅拌的方式，在最后一批原料加完后再混合 4 ～ 8 分钟完成。

5. 日常管理

要确保牛群采食新鲜、适口和平衡的 TMR 日粮，提高牛群平均日增重，日常管理要根据加工方法，注意控制投料速度、次数、数量等，仔细观察牛只采食情况。

①投喂方法。牵引或自走式 TMR 机使用专用机械设备自动投喂。固定式 TMR 混合机需将加工好日粮人工进行投喂，但应尽量减少转运次数。

②投料速度。使用全混合日粮车投料，车速要限制在 20 千米/小时，控制放料速度，保证整个饲槽饲料投放均匀。

③投料次数。要确保饲料新鲜，一般每天投料 2 次，可按照日饲喂量的 50% 分早晚进行投喂，也可按照早 60%、晚 40% 的比例进行投喂。夏季高温、潮湿天气可增加 1 次，冬天可减少 1 次。增加饲喂次数不能增加干物质采食量，但可提高饲料利用效率，故在两次投料间隔内要翻料 2 ～ 3 次。

④投料数量。每次投料前应保证有 3% ～ 5% 的剩料量，防止剩料过多或缺料，以达到肉牛最佳的干物质采食量。

⑤注意观察。料槽中 TMR 日粮不应分层，料底外观和组成应与采食前相近，发热发霉的剩料应及时清出，并给予补饲。牛采食完饲料后，应及时将食槽清理干净，并给予充足、清洁的饮水。

6. 日粮评价

混合好的饲料应保持新鲜，精、粗饲料混合均匀，质地柔软不结块，无发热、异味以及杂物。含水量控制在 35% ～ 45%，过低或过高均会影响肉牛的干物质采食量。检查日粮含水量，可将饲料放到手心里抓紧后再松开，日粮松散不分离、不结块，没有水滴渗出，表明水分适宜。

7. 注意事项

①牛舍建设应适合全混合车设计参数要求。每头牛应有 0.5 ～ 0.7 米的采食空间。

②检查电子计量仪的准确性，准确称量各种饲料原料，按日粮配方进行加工制作。

③根据牛不同年龄、体重进行合理分群饲养。

④防止铁器、石块、包装绳等杂物混入搅拌车。

（二）特点

①应用全混合日粮饲喂技术，可有效保证肉牛采食的每口日粮营养均衡，满足肉牛不同生长（产）阶段营养需要，避免肉牛挑食，提高适口性，增加干物质的采食量。

②简化饲养程序，提高饲料投喂精确度，减少浪费。可充分利用当地原料资源，降低饲料成本。

③降低劳动强度，省时、省力，显著提高规模效益和劳动生产率，有利于规模化、精细化、标准化生产。

④增强瘤胃代谢机能，减少真胃移位、酮血症、酸中毒等疾病的发生。

（三）成效

通过该技术应用，可实现分群管理和机械化饲喂，降低饲喂成本 5% ～ 7%，人工效率提高到 1 倍以上。试验结果表明：应用此项技术，育肥期肉牛平均日增重提高 11.4%。

（四）案例

安徽省凤阳县大明农牧科技发展有限公司以肉牛育肥为主，占地约 10 公顷。现有 6 栋标准化成年牛舍（7000 平方米），年出栏育肥肉牛 3000 头，2011 年被评为国家级标准化示范场。现有自动取料和搅拌于一体的牵引式搅拌机 2 台套，肉牛饲喂方式全部采用 TMR 饲喂技术。通过几年的实际应用，采用 TMR 饲喂方式，增加了育肥牛干物质采食量，提高了牛群的健康水平，肉牛场皱胃移位、酮血症、瘤胃酸中毒、食欲不良及应激等代谢病的牛发病率降低 20% ～ 25%，饲养管理成本节约 5%，每头牛收益 1349 元（图 4-31）。

图 4-31 大明农牧科技发展有限公司采用 TMR 饲喂技术饲喂肉牛

第三节 母牛饲养管理技术

一、一年一胎养殖技术

繁殖母牛经历妊娠、分娩、泌乳，其生理和营养代谢发生一系列变化，受应激、营养、哺乳等因素影响，母牛分娩后容易出现体况差、乏情、受胎率低等。一年一胎技术综合应用了分阶段饲养管理、犊牛早期断奶补饲和繁殖技术，可缓解应激、营养、带犊哺乳等因素对母牛繁殖性能的不利影响，促进母牛产后体况恢复，提高发情率和受胎率，使犊牛在120天内断奶，母牛在90～120天内受孕，实现年产一胎。

（一）技术要点

1. 母牛妊娠后期饲养管理

①控制日粮饲喂量。妊娠后期是妊娠180天至产犊前，此阶段是胎儿发育的高峰期，胎儿吸收营养占日粮营养水平的70%～80%，应适当控制日粮饲喂量，日饲喂精饲料2千克，秸秆青贮饲料10～12千克。

②保持中上等体况。应用体况评分技术（BCS）或膘情评定技术监测牛群整体营养状况，见表4-8。

表4-8 体况评分标准

分值	评分标准
1	触摸牛的腰椎骨横突，轮廓清晰，明显凸出，呈锐角，几乎没有脂肪覆盖其周围。腰角骨、尾根和腰部肋骨凸起明显
2	触摸可分清腰椎骨横突，但感觉其端部不如1分那样锐利，尾根周围有少量脂肪沉积，腰角和肋骨眼观不明显
3	用力下压才能触摸到短肋骨，尾根部两侧区域有一定的脂肪覆盖
4	用力下压也难以触摸到短肋骨，尾根周围脂肪柔软，腰肋骨部脂肪覆盖较多，牛整体脂肪量较多
5	牛的外形骨架结构不明显，躯体呈短粗的圆筒状，短肋骨被脂肪包围，尾根和腰角几乎完全被埋在脂肪里，腰肋骨和大腿部明显有大量脂肪沉积，牛体因此而影响运动

注：介于两个等级之间，上下之差为0.5分

简易的膘情判断方法看肋骨凸显程度，距离牛1～1.5米处观察，看不到肋骨说明偏肥、看到3根肋骨说明膘情适中、看到4根以上肋骨说明偏瘦（图4-32至图4-34）。

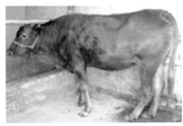
图 4-32 偏肥

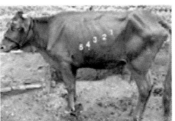
图 4-33 偏瘦

图 4-34 膘情正好

③做好保胎和产前准备工作。降低饲养密度，减少牛抢食饲料和相互抵撞；禁喂霉变饲料、不饮脏水；冬季禁喂冰冻饲料、冰碴水，以防止流产；同时加强运动，利于分娩。临产前2周，转入产房，单独饲养，以饲喂优质干草为主。

2. 母牛产后护理

母牛分娩过程体能消耗很大，分娩后应给及时补充水分和营养。正常分娩的母牛经适当休息后，应立即让其站立行走，并饲喂或灌服10～15升温热的麸皮盐水（温水10～15升、麸皮1千克、食盐0.05千克）或益母生花散（0.5千克＋温水10升）。同时注意产后观察和护理。

①分娩后，观察母牛是否有异常出血，如发现持续、大量出血应及时检查出血原因，并进行治疗。

②分娩后12小时，检查胎衣排出情况，如果12小时内胎衣未完全排出，应按照胎衣不下进行治疗。

③分娩后7～10天，观察母牛恶露排出情况，如果发现恶露颜色、气味异常，应按照子宫感染及时进行治疗。

3. 产后母牛饲养管理

①分娩后2～3天，日粮以易消化的优质干草和青贮饲料为主，补充少量混合精饲料，精饲料蛋白质含量要达到12%～14%，富含必需的矿物质、微量元素和维生素；每日饲喂精饲料1.5千克，青贮4～5千克，优质干草2千克。

②分娩4天后，逐步增加精饲料和青贮饲料的饲喂量，每天增加精饲料0.5千克，青贮饲料1～2千克。同时注意观察母牛采食量，并依据采食量变化调整日粮饲喂量。

③分娩2周后，母牛身体逐渐恢复，泌乳量快速上升，此阶段要增加日粮饲喂量，并补充矿物质、微量元素和维生素。每天饲喂精饲料3～3.5千克，青贮10～12千克，优质干草1～2千克。日粮干物质采食量9～10千克，粗蛋白质含量10%～12%。

④哺乳期是母牛哺育犊牛、恢复体况、发情配种的重要时期，不但要满足犊牛生长发育所需的营养需要，而且要保证母牛中上等膘情，以利于发情配种。此期应根据母牛产乳量变化和体况恢复情况，及时调整日粮饲喂量，饲喂方案详见表4-9。

表4-9 母牛泌乳期日粮组成（参考配方）

母牛泌乳阶段	精饲料（千克）	苜蓿干草（千克）	黄贮（千克）
产后1月（高泌乳期）	3.5	1	12
产后2月（中泌乳期）	3	1	12
产后3～4月（低泌乳期）	2	1	12

4. 新生犊牛护理和犊牛早期断奶

①新生犊牛护理。犊牛出生后，立即清理其口、鼻中黏液，断脐消毒，让母牛尽快舔干犊牛，并尽量在其出生后0.5～1小时内吃到初乳，初次采食量2千克。对于体质较弱的犊牛，可适当延迟采食时间，并进行人工辅助哺乳。采食初乳期间，应注意观察犊牛粪便，若新生犊牛下痢，应及时进行治疗（图4-35）。

图4-35 人工辅助哺乳

②犊牛早期补饲。犊牛出生10～15日龄后，开始训练采食少量精饲料，精饲料形状为粉状或颗粒状（直径4～8毫米）。精饲料营养要求：粗蛋白质18%～20%、粗纤维5%、钙1%～1.2%、磷0.5%～0.8%；并保障饮用充足的温开水（36～37℃）。1月龄后，开始给犊牛添加铡短的优质干草（苜蓿等豆科牧草），饮用常温水。

③补饲方法。自由饮水、采食，补饲量由少到多，逐渐增加。通常1月龄犊牛可采食补饲精饲料0.2～0.3千克，2月龄犊牛可采食补饲精饲料0.6～0.8千克，苜蓿干草0.2千克，3月龄犊牛可采食补饲精饲料1～1.5千克，苜蓿干草0.5千克。

④补饲方式。围栏补饲（在母牛舍内一侧或牛舍外，用圆木或钢管围成小牛栏，围栏面积以每头2平方米以上，围栏内放置补饲槽和饮水盆）（图4-36）。

图 4-36 隔栏补饲

⑤断奶标准。犊牛精饲料采食量持续稳定在2千克时，也就是犊牛3～4月龄间，可将大牛与小牛彻底分离、断奶。

5. 母牛早期配种

①营养良好的母牛一般在产后40天左右会出现首次发情，产后90天内会出现2～3次发情。应尽量使牛适量运动，便于观察发情。如果母牛舍饲拴系饲养，应注意观察母牛的异常行为，例如，吼叫、兴奋、采食不规律和尾根有无黏液等。

②诱导发情。母牛分娩40～50天后，进行生殖系统检查。对子宫、卵巢正常的牛，肌肉注射复合维生素A、维生素D、维生素E，使用促性腺激素释放激素和氯前列烯醇，进行人工诱导发情。应用人工授精技术，使用早晚两次输精的方法进行配种。

（二）特点

①综合应用母牛饲养管理、体况评分、犊牛早期断奶补饲、发情控制和人工授精技术。

②通过科学控制母牛营养供给、合理调控母牛体况，及时监控母牛生殖系统健康，促进母牛产后恢复，使母牛早发情配种，缩短产犊间隔，降低饲养成本。

③可促进犊牛生长发育，实现犊牛早期断奶，缓解带犊、哺乳对母牛繁殖性能的影响。

（三）成效

使用肉牛一年一胎养殖技术，有利于加快犊牛生长发育、降低断奶应激，促进母牛产后恢复和发情配种，使犊牛在120日龄内实现断奶，6月龄内平均日增重0.95千克左右，母牛产后70～100天发情、配种，受胎率85%。有利于规模养殖场在预定的时间内有计划地组织配种和产犊工作。

（四）案例

在宁夏固原市泾源县河堡村肉牛养殖合作社应用母牛饲养管理和犊牛早期断奶补饲

技术，犊牛 120 天内实现断奶，6 月龄内平均日增重 0.95 千克左右。母牛产后 70 ～ 100 天受配率 50%，受胎率 85%。甘肃省张掖市某肉牛养殖场对产后 50 天以上母牛，应用人工诱导发情和人工授精技术，母牛一次配种受胎率 51%。

二、母牛围产期养殖技术

围产期指母牛分娩前后各 15 天。产前 15 天称围产前期，产后 15 天称围产后期。这一阶段对母牛产前、产后及胎犊、新生犊牛健康非常重要。

（一）技术要点

1. 围产前期

（1）饲养

临产前母牛应该饲喂营养丰富、品质优良、易于消化的饲料；应逐渐增加精料，但最大喂量不宜超过母牛体重的 1%，精料中可提高一些麸皮含量，补充微量元素及维生素，并采用低钙饲养法。此外，还应减喂食盐，禁喂甜菜渣（甜菜渣含甜菜碱对胎儿有毒性），绝对不能喂冰冻、腐败变质和酸性大的饲料。围产前期日粮组成：糟粕料和块根茎料 5 千克，混合料 3 ～ 6 千克，优质干草 3 ～ 4 千克，青贮饲料 10 ～ 15 千克。

（2）管理

①根据预产期，做好产房、产间清洗消毒及产前的准备工作。

②产房昼夜应设专人值班。

③母牛一般在分娩前 15 天转入产房，以使其习惯产房环境。在产房内每牛占一产栏，不系绳，任母牛在圈内自由活动；母牛临产前 1 ～ 6 小时进入产间，消毒后躯。产栏应事先清洗消毒，并铺以短草。

2. 围产后期

（1）饲养

母牛分娩过程体力消耗很大，产后体质虚弱，饲养原则是促进体质恢复。刚分娩后应给母牛喂饮温热麸皮盐钙汤或小米粥。麸皮盐钙汤的做法是：温水 10 ～ 20 千克、麸皮 0.5 千克、食盐 0.05 千克、碳酸钙 0.05 千克。小米粥的做法是小米 0.75 千克左右，加水 18 千克左右，煮制成粥加红糖 0.5 千克，凉至 40℃ 左右饮喂母牛。产后 2 ～ 3 天内日粮应以优质干草为主，精料可饲喂一些易消化的如麸皮和玉米等，每天 3 千克。2 ～ 3 天后开始逐渐用配合精料替换麸皮和玉米，一般产后第 3 天替换 1/3，第 4 天替换 1/2，第 5 天替换 2/3，第 6 天全部饲喂配合精料。母牛产后 7 天如果食欲良好，粪便正常，乳房水肿消失，可开始饲喂青贮饲料和补喂精料。精料的补加量为每天加 0.5 ～ 1 千克。同时，可补加过瘤胃脂肪（蛋白）添加物，减少负平衡。母牛产后头 7 天要饮用 37℃ 的温水，不宜饮用冷水，以免引起胃肠炎，7 天后饮水可降至 10 ～ 20℃。

（2）管理

①尽量让母牛自然分娩，需要助产时，应在兽医的指导下进行。

②母牛分娩后，要清理产间，更换褥草。

③母牛产后经 30 分钟至 1 小时挤奶，挤奶前先用温水清洗牛体两侧、后躯、尾部，最后用 0.1% ～ 0.2% 的高锰酸钾溶液消毒乳房。开始挤奶时，每个乳头的第一二把奶要弃掉，一般产后第一天每次只挤 2 千克左右，够犊牛哺乳量即可，每次挤奶时应热敷按摩 5 ～ 10 分钟，第二天每次挤奶 1/3，第三天挤 1/2，第四天才可将奶挤尽。分娩后乳房水肿严重，要加强乳房的热敷和按摩，促进乳房消肿。

④产后 4 ～ 8 小时胎衣自行脱落。脱落后要将外阴部清除干净并用来苏尔水消毒，以免感染生殖道。胎衣排出后应马上移出产房，以防被母牛吃掉妨碍消化。如 12 小时还不脱落，要采取人工辅助措施剥离。母牛产后应每天用 1% ～ 2% 的来苏尔水洗刷后躯，特别是臀部、尾根、外阴部。每日测 1 ～ 2 次体温，若有升高及时查明原因进行处理。

（二）特点

母牛围产期护理好坏将影响牛的健康（包括乳房、子宫、膘情等），直接关系到以后泌乳期产奶量和生产性能。这一阶段母牛生理上变化较大，抵抗能力下降，易患病，必须进行科学的饲养管理和有效的健康监护。所以要求工作人员应具有丰富的管理经验和强烈的责任心，产前 7 天开始药浴乳头，产后坚持药浴。挤奶时要注意牛体、乳房和个人卫生。要减少由于机械因素和其他人为意外因素而引起的乳房炎。产房和运动场地每日要严格、按时消毒。

（三）成效

给围产期母牛提供最舒适的生活环境、适宜的过渡日粮以及全面的健康监护，是保证母牛产后都能正常泌乳，牛体健康最有效的措施。采用围产期母牛饲养管理技术，可有效地降低母牛产后瘫痪发病率，防止母牛发生便秘，并能够提高犊牛成活率，增加初乳中维生素含量，降低胎衣不下和产后瘫痪的发生率。有效预防早产、流产、臌气及风湿病等疾病的发生。

（四）案例

吉林坤成牧业有限公司牛场，设有独立的部门，专门负责母牛围产期、犊牛的饲养管理以及接产工作。所有岗位（如接产、产后监护等）都有专人负责。产房接产人员 3 班轮换，产犊少时 1 人 / 班，高峰期 2 人 / 班，保证时时监控产犊过程，及时为新产犊牛灌服初乳。对围产后期牛舍，由专职兽医每天进行 5 次巡视（3 次喂料时是最佳巡视时间），1 次体温监测，及时发现有问题的牛。应用围产期母牛饲养管理技术，全场围产期母牛生产 312 胎（次），安全产犊率 99%，犊牛成活率达到 95.82%，乳房炎发病率 0.64%，无胎衣不下和产后瘫痪案例（图 4-37、图 4-38）。

图 4-37 母牛与犊牛　　　　　图 4-38 围产后期母牛采食的优质干草

三、新疆地区母牛放牧补饲技术

新疆地区母牛放牧养殖主要有3种方式：一是自由放牧，即全年都在同一片草场上放牧，但要执行春季休牧制度（4～6月休牧）。二是两季轮牧，即夏秋季一个放牧场，冬春季一个放牧场，按季节轮流放牧。三是划区轮牧，即将草场划分为若干小区，按一定放牧时间轮流放牧，这种方式主要在草场和基础条件较好的牧场。近年来，随着科技推广力度的加大，广大养殖户已经认识到母牛饲养管理的重要性，逐渐接受了放牧加补饲饲养模式。

（一）技术要点

1. 自由放牧母牛补饲技术

自由放牧是目前广大牧区主要采用的一种方式（图4-39、图4-40）。除4～6月期间实行季节性休牧外，其他时间牛群均在草场上放牧。夏秋季放牧主要依靠天然草场提供的物质来满足牛的营养需要，叫做需要型或需求型放牧。冬春季牧草枯黄、营养下降，且数量有限，此时放牧称为调节型放牧。放牧主要目是调节母牛活动量，维持生活习惯，但摄取的营养不能充分满足生产需要，一般需要通过补饲粗饲料和精饲料来增加营养供给。粗饲料主要包括青干草、农作物秸秆和玉米青贮，精饲料主要有玉米、麸皮、食品工业副产品（酒糟、番茄渣和淀粉渣等）和全价混合饲料。补饲的精粗料可单一饲喂，也可配合饲喂。补饲方案如下。

图 4-39 放牧新疆褐牛母牛和犊牛　　　　图 4-40 放牧犊牛

①分群饲养：进入10月下旬气温开始下降，要进行牛群的鉴定和分群，可将体质弱的牛、怀孕后期牛与健壮牛、怀孕早期牛、青年牛分开，至少要分为两群，便于分群管理。

②补饲标准：体弱和怀孕后期的牛主要以提高营养、增强体质为目标，10月下旬就应开始适当补饲。补饲主要以精饲料为主，配合饲料每天1千克左右。12月下旬因气温急剧下降，草场已不能提供更多的营养物质，此时应增加精粗饲料补饲量。例如，1头体重400千克体弱或妊娠后期母牛饲料供给量为：秸秆青贮饲料20千克（或酒糟10千克），干草2～3千克，配合饲料1～2千克。具体要根据牛的膘情增减，但不要明显增肥。怀孕后期母牛要补饲至产后1.5个月，再与大群牛日粮一致。体质较好的牛、怀孕早期牛、产犊1.5个月以上的牛，12月下旬开始补饲，主要以粗饲料为主，适当搭配精饲料。例如，1头体重400千克母牛饲料供给量为：秸秆青贮饲料10千克（或酒糟5千克），干草2～3千克。休牧期间补饲配合饲精料1千克（图4-41、图4-42）。

图 4-41 牛群补饲　　　　　　　　　　图 4-42 补饲牛在运动场

③加强管理：及时调整牛群结构，做到合理分群，并保证饮水量和温度。保证饲料质量，补饲尽量安排在夜间进行，要减少浪费。冬春季母牛产犊前后1个月禁止远距离放牧，适当进行舍饲管理。产后1.5个月后与体弱或怀孕后期母牛组群放牧，犊牛留在舍内，每天喂奶3次。

④提高母牛繁殖率：繁殖母牛要单独组群，哺乳犊牛要及时断奶。配种季节到来时在条件好的草场放牧，必要时进行补饲，以促进繁殖母牛正常发情与排卵。以自然交配方式配种的繁殖母牛群，在配种季节按1:(25～30)的比例放入优秀公牛，种公牛单独给予补饲。采用人工授精方式配种的牛群，繁殖季节应在输精点附近放牧，并做好发情牛的观察，及时输精。怀孕母牛单独组群放牧，妊娠后期加强管理，适当补饲，保证胎儿正常发育，避免死胎、弱胎和流产。青年母牛15～18月龄、体重280～300千克时开始配种，经产母牛配种时间宜在产犊后40～100天进行。根据放牧特点，可采用季节性集中配种方式如同期发情方法，使母牛在相对集中的时间发情配种（图4-43、图4-44）。

图 4-43 新疆褐牛冷配点　　　　　　　图 4-44 新疆褐牛冷配设备

2. 两季轮牧母牛补饲技术

由于冬春季草场质量和数量较好，两季轮牧条件下主要对产犊后 1 月内的母牛进行补饲。出生后 1 个月龄的犊牛随母牛放牧，夜间分开，开始训练采食精料，此时母牛的补饲要相应减少或停止。这种模式成本较低，但要有大面积的草场。

3. 划区轮牧母牛补饲技术

适宜放牧是合理利用草地资源的有效措施之一。研究结果表明，划区轮牧可以提高牧草产量和家畜生产。划区轮牧是近些年推广比较广泛的放牧技术，并产生了一定的生态效益，只是前期投资较大。一般在典型草原区施行。由于划区轮牧主要是在夏秋季实施，所以冬春季的补饲也同自由放牧一致。

（二）特点

①我国西部地区拥有辽阔草原，充分利用天然草场资源，可有效降低母牛养殖成本，增加养殖效益。

②利用放牧补饲技术，可较好地满足母牛不同生产时期营养需要，提高母牛繁殖能力和犊牛成活率。

③实施季节性放牧和轮牧，可充分合理利用草地资源，减少草原载畜量，充分利用农作物秸秆和加工副产品资源，提高养殖技术和生产水平。

（三）成效

母牛放牧饲养符合家畜自然发展规律，养殖成本较低。随着科技的发展和生产方式的改进，在放牧方式下适当进行补饲，既可维持繁殖母牛的持续生产力，又可实现资源的合理利用，是提高母牛生产效率的重要途径。据调查，与舍饲养殖相比，放牧补饲养殖方式饲养成本可减少 50% 以上。同时，采用犊牛补饲和早期断奶技术，可有效确保母牛每年繁殖 1 头犊牛，犊牛成活率提高 10% 以上。目前，我国广大牧区已开始推广繁殖母牛放牧补饲技术，将对改善肉牛饲养模式、转变经营方式、提高肉牛养殖效益起到积极的促进作用。

（四）案例

新疆褐牛是以新疆本地黄牛为母本，引用纯种褐牛为父本，经过长期杂交选育而形成的地方优良乳肉兼用品种牛，具有优良的高产基因和草原牧饲适应性。近年来，随着牛奶价格的上涨，农牧民对于新疆褐牛的养殖热情不断升高，但草场退化的现象较为普遍。因此，新疆褐牛在天然放牧条件下，开始进行适宜补饲。为确定放牧条件下新疆褐牛的适宜补饲量，王骁等（2010）在新疆伊犁尼勒克县吉仁台牧场，选取新疆褐牛泌乳牛32头，随机分为4组，每组8次重复，分别补饲（0、2.5、5.0、7.5）千克/（天·头）精料。结果表明：在放牧条件下，通过补饲产奶量已过泌乳高峰期新疆褐牛，膘情明显改善，产奶量增加62.44%，牛奶中乳蛋白和乳糖的含量也有一定的提高。从经济效益分析看，新疆褐牛精料补饲量在2.5千克/（天·头）比较适宜（图4-45）。

图4-45 放牧牛群

四、东北地区母牛放牧补饲技术

放牧是人工管护下牛在草原上采食牧草并将其转化成畜产品的一种饲养方式。放牧应遵循远赶近吃的原则。放牧方式可分为自由放牧和划区轮牧。自由放牧，适合于草场选择空间大的牧区；划区轮牧，适合于牧场选择空间不大的山场、树林、田间地头及河沟大坝等农区和山区。每年5～10月份作为放牧育肥期，根据草场产草量和牛群大小确定轮牧区的大小。优良的草场，每公顷可养牛18～20头；中等草场，每公顷可养牛15头，而较差的草场则只能养3头牛。每个小区可轮牧2～4次，而较差的草场只可轮牧2次。放牧的最好季节是牧草结籽期，每天应不少于12小时放牧，至少补水1次，同时注意补盐。放牧期夜间最好能补饲适量混合精料。每天补给精料量为母牛活重的1%，补饲后要保证饮水。

（一）技术要点

1. 妊娠母牛补饲

妊娠母牛不仅本身生长发育需要营养，而且要满足胎儿生长发育的营养需要和为产后泌乳进行营养储备。放牧条件下，妊娠初期的母牛，青草季节应尽量延长放牧时间，一般不用补饲。妊娠中后期牛，为了保障营养需要和犊牛健康，放牧过程中应适当补饲。枯草季节应根据牧草质量和牛的营养需要确定补饲草料的种类和数量。从妊娠第5个月开始，应加强饲养，对中等体重的妊娠母牛，除供给平常日粮外，每日需补饲1.5千克精料。妊娠最后两个月，每日需补饲2千克精料，但不可将母牛喂得过肥，以免影响分娩。

2. 产奶母牛补饲

母牛泌乳期间，体内营养物质需求量比平时要多，如果日粮中摄取的营养物质不足，新陈代谢会出现紊乱，生理机能失去平衡，从而导致体重减轻，产奶量下降。因此，生产中为了保障产奶牛的身体健康，多产奶，除了在放牧过程中采食大量的青草外，还应补饲一定量的精料，以满足产奶牛对营养物质的需要。补饲时要根据母牛不同泌乳阶段营养需求与不同季节牧草营养水平、草地质量，适时调整补饲精料的能量与蛋白质水平，保证矿物质与食盐的摄入量。一般精料可按3千克奶1千克料的方法估算进行补饲（图4-46）。

图 4-46 母牛夏季放牧

（二）特点

母牛放牧，能充分利用草地，节省割草和运输的劳动力，青草的营养物质容易被牛吸收。放牧不仅可以让牛吃到优质牧草，增加采食量，提高营养水平，降低饲养成本，牛只也能得到充分的运动并呼吸新鲜空气。同时，能增加产奶量，提高繁殖率。放牧过程中产生的粪尿等直接排放到草场上充作有机肥，可促进牧草生长，并有利于环境保护。

（三）成效

母牛的营养来源以牧草为主，在枯草季节适当补饲精料，饲养成本低，劳动力消耗少，无需考虑粪便污染。由于放牧饲养相对投入低，规模化饲养可以提高饲料转化率，管理更科学，经济效益较高。

表4-10　2008年九三肉牛饲养示范场饲养母牛带犊牛经济效益

项目	成本分类	饲料种类	饲养天数	单头日喂量	单头总喂量	单价	总投入（万元）
成本	饲料	青贮	160天	35千克	5600千克	150元/吨	17.30
		豆皮	160天	—	1车	100元/车	2.06
	成母牛	精料	160天	—	100千克	1200元/吨	2.47
		盐、药等	160天	—	—	—	1.00
		青贮	90天	5千克	450千克	150元/吨	0.95
	犊牛（140头）	豆皮	90天	—	1/5车	100元/车	0.35
		精料	90天	1千克	90千克	1600元/吨	2.02
		盐、药等	90天	—	—	—	0.50

		定额人数	饲养时间	人员工资标准			
	人工	206（成母牛）	12个月	35元/头/月			8.65
		140（犊牛）	8个月	30元/头/月			3.36

		头数	单价				
	牛成本	206	5500元/头				113.30
	合计						151.96

产出	头数		单价		产出（万元）
	140		3600元/头		50.40

收入	总成本	总收入	纯收入
	151.95	163.70	11.75

（四）实例

黑龙江省农垦九三管理局红枫肉牛场，母牛实行规模化半舍饲经营。该牛场每年有5～6个月放牧期，精料自行配制，有青贮窖和青贮玉米种植基地，精料和粗饲料多从种业集团内部购买，资源丰富，饲料成本低廉。2008年，饲养能繁母牛206头，犊牛140头。一年总成本为151.95万元，犊牛饲养到8个月出栏。总收入163.70万元，纯收入11.75万元（表4-10）。

第五章 高档牛肉生产技术

高档牛肉是指通过选用适宜的肉牛品种，采用特定的育肥技术和分割加工工艺，生产出肉质细嫩多汁、肌肉内含有一定量脂肪、营养价值高、风味佳的优质牛肉。虽然高档牛肉占胴体的比例约12%，但价格比普通牛肉高10倍以上。因此，生产高档雪花牛肉是提高养牛业生产水平，增加经济效益的重要途径。肉牛的产肉性能受遗传基因、饲养环境等因素影响，要想培育出优质高档肉牛，需要选择优良的品种，创造舒适的饲养环境，遵循肉牛生长发育规律，进行分期饲养、强度育肥、适龄出栏，最后经独特的屠宰、加工、分割处理工艺，方可生产出优质高档牛肉。

一、技术要点

（一）育肥牛的选择

1. 品种选择

我国一些地方良种如秦川牛、鲁西黄牛、南阳牛、晋南牛、延边牛、复州牛等具有耐粗饲、成熟早、繁殖性能强、肉质细嫩多汁、脂肪分布均匀、大理石纹明显等特点，具备生产高档牛肉的潜力。以上述品种为母本与引进的国外肉牛品种杂交，杂交后代经强度育肥，不但肉质好，而且增重速度快，是目前我国高档肉牛生产普遍采用的品种组合方式。但是，具体选择哪种杂交组合，还应根据消费市场而决定。若生产脂肪含量适中的高档红肉，可选用西门塔尔、夏洛莱和皮埃蒙特等增重速度快、出肉率高的肉牛品种与国内地方品种进行杂交繁育；若生产符合肥牛型市场需求的雪花牛肉，则可选择安格斯或和牛等作父本，与早熟、肌纤维细腻、胴体脂肪分布均匀、大理石花纹明显的国内优秀地方品种，如秦川牛、鲁西牛、延边牛、渤海黑牛、复州牛等进行杂交繁育。

2. 良种母牛群组建

组建秦川牛、鲁西牛等地方品种的母牛群，选用适应性强、早熟、产犊容易、胴体品质好、产肉量高、肌肉大理石花纹好的安格斯牛、和牛等优秀种公牛冻精进行杂交改良，生产高档肉牛后备牛。

3. 年龄与体重

选购育肥后备牛年龄不宜太大，用于生产高档红肉的后备牛年龄一般在7～8月龄，膘情适中，体重在200～300千克较适宜。用于生产高档雪花牛肉的后备牛年龄一般在4～6月龄，膘情适中，体重在130～200千克比较适宜。如果选择年龄偏大、体况较差的牛育肥，按照肉牛体重的补偿生长规律，虽然在饲养期结束时也能够达到体重要求，但最后体组织生长会受到一定影响，屠宰时骨骼成分较高，脂肪成分较低，牛肉品质不理想。

4. 性别要求

公牛体内含有雄性激素是影响生长速度的重要因素，公牛去势前的雄性激素含量明显高于去势后，其增重速度显著高于阉牛。一般认为，公牛的日增重高于阉牛 10% ～ 15%，而阉牛高于母牛 10%。就普通肉牛生产来讲，应首选公牛育肥，其次为阉牛和母牛。但雄性激素又强烈影响牛肉的品质，体内雄性激素越少，肌肉就越细腻，嫩度越好，脂肪就越容易沉积到肌肉中，而且牛性情变得温顺，便于饲养管理。因此，综合考虑增重速度和牛肉品质等因素，用于生产高档红肉的后备牛应选择去势公牛；用于生产高档雪花牛肉的后备牛应首选去势公牛，母牛次之。

（二）育肥后备牛培育

1. 犊牛隔栏补饲

犊牛出生后要尽快让其吃上初乳。出生 7 日龄后，在牛舍内增设小牛活动栏与母牛隔栏饲养，在小犊牛活动栏内设饲料槽和水槽，补饲专用颗粒料、铡短的优质青干草和清洁饮水；每天定时让犊牛吃奶并逐渐增加饲草料量，逐步减少犊牛吃奶次数。

2. 早期断奶

在犊牛 4 月龄左右、每天能吃精饲料 2 千克时，可与母牛彻底分开，实施断奶。

3. 育成期饲养

犊牛断奶后，停止使用颗粒饲料，逐渐增加精料、优质牧草及秸秆的饲喂量。充分饲喂优质粗饲料对促进内脏、骨骼和肌肉的发育十分重要。每天可饲喂优质青干草 2 千克，精饲料 2 千克。6 月龄开始可以每天饲喂青贮饲料 0.5 千克，以后逐步增加饲喂量。

（三）高档肉牛饲养

1. 育肥前准备

①从外地选购的犊牛，育肥前应有 7 ～ 10 天的恢复适应期。育肥牛进场前应对牛舍及场地清扫消毒，进场后先喂点干草，再及时饮用新鲜的井水或温水，日饮 2 ～ 3 次，切忌暴饮。按每头牛在水中加 0.1 千克人工盐或掺些麸皮效果较好。恢复适应后，可对后备牛进行驱虫、健胃、防疫。

②去势。用于生产高档红肉的后备牛去势时间以 10 ～ 12 月龄为宜，用于生产高档雪花牛肉的后备牛去势时间以 4 ～ 6 月龄为宜。应选择无风、晴朗的天气，采取切开去势法去势。手术前后碘酊消毒，术后补加一针抗生素。

③称重、分群。按性别、品种、月龄、体重等情况进行合理分群，佩戴统一编号的耳标，做好个体记录。

2. 育肥牛饲料原料

肉牛饲料分为两大类，即精饲料和粗饲料。精饲料主要由禾本科和豆科等作物的籽实及其加工副产品为主要原料配制而成，常用的有玉米、大麦、大豆饼（粕）、棉籽饼（粕）、菜籽饼（粕）、小麦麸皮、米糠等。精饲料不宜粉碎过细，粒度应不小于"大米粒"大小，牛易消化且爱采食。粗饲料可因地制宜，就近取材。晒制的干草，收割的农作物秸秆如玉米秸、麦秸和稻草，青绿多汁饲料如象草、甘薯藤、青玉米以及青贮料和糟渣类等，都可以饲喂肉牛。

3. 育肥期饲料营养

（1）高档红肉生产育肥：饲养分前期和后期两个阶段

前期（6～14月龄）。推荐日粮：粗蛋白质为14%～16%，可消化能3.2～3.3兆卡/千克，精料干物质饲喂占体重的1%～1.3%，粗饲料种类不受限制，以当地饲草资源为主，在保证限定的精饲料采食量的条件下，最大限度供给粗饲料。

后期（15～18月龄）。推荐日粮：粗蛋白质为11%～13%，可消化能3.3～3.6兆卡/千克，精料干物质饲喂量占体重的1.3%～1.5%，粗饲料以当地饲草资源为主，自由采食。为保证肉品风味，后期出栏前2月内的精饲料中玉米应占40%以上，大豆粮或炒制大豆应占5%以上，棉粮（饼）不超过3%，不使用菜籽饼（粕）。

（2）大理石纹牛肉生产育肥：饲养分前期、中期和后期3个阶段

前期（7～13月龄）。此期主要保证骨骼和瘤胃发育。推荐日粮：粗蛋白质12%～14%，可消化能3～3.2兆卡/千克，钙0.5%，磷0.25%，维生素A 2000国际单位/千克。精料采食量占体重1%～1.2%，自由采食优质粗饲料（青绿饲料、青贮等），粗饲料长度不低于5厘米。此阶段末期牛的理想体型是无多余脂肪、肋骨开张。

中期（14～22月龄）。此期主要促进肌肉生长和脂肪发育。推荐日粮：粗蛋白质14%～16%，可消化能3.3～3.5兆卡/千克，钙0.4%，磷0.25%。精料采食量占体重1.2%～1.4%，粗饲料宜以黄中略带绿色的干秸秆（麦秸、玉米秸、稻草、采种后的干牧草等）为主，日采食量在2～3千克/头，长度3～5厘米。不饲喂青贮玉米、苜蓿干草。此阶段牛外貌的显著特点是身体呈长方形，阴囊、胸垂、下腹部脂肪呈浑圆态势发展。

后期（23～28月龄）。此期主要促脂肪沉积。推荐日粮：粗蛋白质11%～13%，可消化能3.3～3.5兆卡/千克，钙0.3%，磷0.27%。精料采食量占体重1.3%～1.5%，粗饲料以黄色干秸秆（麦秸、玉米秸、稻草、采种后的干牧草等）为主，日采食量在1.5～2千克/头，长度3～5厘米。为了保证肉品风味、脂肪颜色和肉色，后期精饲料原料中应含25%以上的麦类、8%以上的大豆粮或炒制大豆，棉粮（饼）不超过3%，不使用菜籽饼（粕）。此阶段牛体呈现出被毛光亮、胸垂、下腹部脂肪浑圆饱满的状态。

（四）育肥期管理

1. 小围栏散养

牛在不拴系、无固定床位的牛舍中自由活动。根据实际情况每栏可设定70～80平方米，饲养6～8头牛，每头牛占有6～8平方米的活动空间。牛舍地面用水泥抹成凹槽形状以防滑（图5-1），深度1厘米，间距3～5厘米；床面铺垫锯末或稻草等廉价农作物秸秆（图5-2），厚度10厘米，形成软床，躺卧舒适，垫料根据污染程度1个月左右更换1次。也可根据当地条件采用干沙土地面。

图 5-1 防滑的牛舍地面　　　　　　　　图 5-2 舒适的牛床

2. 自由饮水

牛舍内安装自动饮水器（图 5-3）或设置水槽，让牛自由饮水。饮水设备一般安装在料槽的对面，存栏 6～10 头的栏舍可安装两套，距离地面高度为 0.7 米左右。冬季寒冷地区要防止饮水器结冰，注意增设防寒保温设施，有条件的牛场可安装电加热管，冬天气温低时给水加温，保证流水畅通。

图 5-3 自动饮水器

3. 自由采食

育肥牛日饲喂 2～3 次，分早、中、晚 3 次或早、晚 2 次投料，每次喂料量以每头牛都能充分得到采食，而到下次投料时料槽内有少量剩料为宜。因此，要求饲养人员平时仔细观察育肥牛采食情况，并根据具体采食情况来确定下一次饲料投入量。精饲料与粗饲料可以分别饲喂，一般先喂粗饲料，后喂精饲料；有条件的也可以采用全混合日粮（TMR）饲养技术，使用专门的全混合日粮（TMR）加工机械或人工掺拌方法，将精粗饲料进行充分混合，配制成精、粗比例稳定和营养浓度一致的全价饲料进行喂饲。

4. 通风降温

牛舍建造应根据肉牛喜干怕湿、耐冷怕热的特点，并考虑南方和北方地区的具体情况，因地制宜设计。一般跨度与高度要足够大，以保证空气充分流通同时兼顾保温需要，建议单列舍跨度 7 米以上，双列舍跨度 12 米以上，牛舍屋檐高度达到 3.5 米（图 5-4）。牛舍顶棚开设通气孔，直径 0.5 米、间距 10 米左右，通气孔上面设有活门，可以自由关闭（图 5-5）；夏季牛舍温度高，可安装大功率电风扇，风机安装的间距一般为 10 倍扇叶直径，高度为 2.4～2.7 米，外框平面与立柱夹角 30°～40°，要求距风机最远牛体风速能达到约 1.5 米／秒（图 5-6）。南方炎热地区可结合使用舍内喷雾技术，夏季防暑降温效果更佳。

图 5-4 双列舍屋檐

图 5-5 通风孔

图 5-6 电风扇

5. 刷拭、按摩牛体

坚持每天刷拭牛体 1 次。刷拭方法是饲养员先站在左侧用毛刷由颈部开始，从前向后，从上到下依次刷拭，中后躯刷完后再刷头部、四肢和尾部，然后再刷右侧。每次 3～5 分钟。刷下的牛毛应及时收集起来，以免让牛舔食而影响牛的消化。有条件的可在相邻两圈牛舍隔栏中间位置安装自动万向按摩装置（图 5-7），高度为 1.4 米，可根据牛只喜好随时自动按摩，省工省时省力。

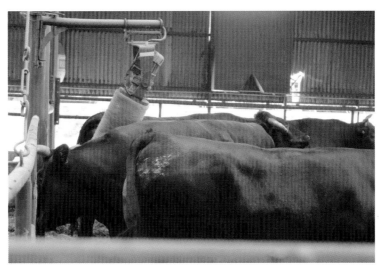

图 5-7 自动万向按摩刷

（五）适时出栏

用于高档红肉生产的肉牛一般育肥 10 ～ 12 个月、体重在 500 千克以上时出栏。用于高档雪花牛肉生产的肉牛一般育肥 25 个月以上、体重在 700 千克以上时出栏（图 5-8）。高档肉牛出栏时间的判断方法主要有两种。

一是从肉牛采食量来判断。育肥牛采食量开始下降，达到正常采食量的 10% ～ 20%；增重停滞不前。

二是从肉牛体型外貌来判断。通过观察和触摸肉牛的膘情进行判断，体膘丰满，看不到外露骨头；背部平宽而厚实，尾根两侧可以看到明显的脂肪突起；臀部丰满平坦，圆而突出；前胸丰满，圆而大；阴囊周边脂肪沉积明显；躯体体积大，体态臃肿；走动迟缓，四肢高度张开；触摸牛背部、腰部时感到厚实，柔软有弹性，尾根两侧柔软，充满脂肪。

高档雪花肉牛屠宰后胴体表覆盖的脂肪颜色洁白，胴体表脂覆盖率 80% 以上，胴体外形无严重缺损，脂肪坚挺，前 6 ～ 7 肋间切开，眼肌中脂肪沉积均匀（图 5-9）。

图 5-8 生产高档雪花牛肉的育肥牛

图 5-9 眼肌中脂肪沉淀均匀

二、特点

①高档肉牛生产要注重育肥牛的选择，应根据生产需要选择适宜的品种、月龄和体重的育肥牛，公牛育肥应适时进行去势处理。

②采取高营养直线强度育肥，精饲料占日粮干物质 60% 以上，育肥后期应达到 80% 左右，育肥期 10 个月以上，出栏体重达到 500 千克以上，为了保证肉品风味以及脂肪颜色，后期精饲料原料中应含 25% 以上的麦类。

③要加强日常饲养管理，采取小围栏散养、自由采食、自由饮水、通风降温、刷拭按摩等技术措施，营造舒适的饲养环境，提高动物福利，有利于肉牛生长和脂肪沉积，提高牛肉品质。

三、成效

①经济效益显著。据测算，购买 1 头 6 ～ 7 月龄的安秦杂犊牛，平均体重 210 千克左右，价格为 5000 ～ 6000 元，经过 20 个月左右的育肥，出栏体重 700 千克以上，屠宰率 62%、净肉率 56% 以上，售价约为 4 万元，每头肉牛可获利 1 万元以上。

②高档肉牛生产集中体现了畜禽良种化、养殖设施化、生产规范化、防疫制度化等标准化生产要求，优化集成了多项技术，大大提高了肉牛养殖科学化、集约化、标准化水平。

③针对目前养牛业面临能繁母牛存栏持续减少，育肥牛源日趋短缺的严峻形势，适度发展高档肉牛生产，延长育肥时间，提高出栏体重，可充分挖掘肉牛生产潜力，有效节约和利用肉牛资源，增加产肉量，满足日益增长的市场消费需要。如出栏 1 头活重为 500 千克的肉牛，大约可出净肉 240 千克，而出栏 1 头活重为 750 千克的肉牛，可出净肉达 380 千克，每头育肥牛能增加产肉量 140 千克。

四、案例

辽宁省大连雪龙集团公司成立于 2002 年，经过多年发展目前已形成了独具特色的集高品质肉牛繁育、养殖、屠宰、加工、销售于一体的全产业链经营格局，2010 年被农业部认定为首批国家级肉牛标准化示范场，年出栏高档肉牛 1 万头左右。该公司高档肉牛杂交生产方式为：以本地复州牛为母本，与利木赞肉牛进行二元杂交，再选用日本和牛开展三元杂交。公司采取订单方式，从农户中收购 6 月龄的犊牛，经过 22 个月育肥期，母牛平均体重达到 650 千克、公牛平均体重达到 750 千克出栏。日粮分为精饲料和粗饲料两部分，精饲料中的玉米、大麦经过蒸汽压片工艺处理成为熟化饲料（图 5-10、图 5-11），然后再与啤酒糟、饼粕、糖蜜和有益微生物制剂等混合均匀，制作发酵饲料喂牛（图 5-12）；粗饲料主要为稻草（图 5-13）。育肥牛前期精料采食量占体重 1% ～ 1.2%，粗饲料自由采食；中期精料采食量占体重 1.2% ～ 1.4%，粗饲料采食量为 2 ～ 3 千克 / 头；后期精料采食量占体重 1.3% ～ 1.5%，粗饲料采食量为 1.5 ～ 2 千克 / 头。

图 5-10 压片玉米　　　　　　　　　图 5-11 压片大麦

图 5-12 微生物发酵饲料　　　　　　图 5-13 稻草

　　日常管理：入舍牛挂上耳标，登记造册，载入档案；育肥牛采取小围栏散养方式，床面铺设稻草，视情况每个月清理1次；每天投料两次，早8点钟和下午1点钟，先粗后精，并保持槽内始终有料，肉牛随时可以自由采食；料槽对面安装自动饮水器，供牛自由饮水；舍内安装大功率电风扇，用于通风换气和防暑降温；安装自动万向按摩装置供牛按摩；每月称重1次，根据体重和育肥时间确定适时出栏。

主要参考文献

[1] 全国畜牧总站. 肉牛标准化养殖技术图册 [M]. 北京：中国农业科学技术出版社,2012.

[2] 全国畜牧总站. 百例畜禽养殖标准化示范场 [M]. 北京：中国农业科学技术出版社,2011.

[3] 曹兵海. 中国肉牛产业抗灾减灾与稳产增产综合技术措施 [M]. 北京：化学工业出版社,2008.

[4] NY／T 815-2004, 肉牛饲养标准 [S]. 北京：中国标准出版社. 2004.

[5] 许尚忠，魏伍川. 肉牛高效生产实用技术 [M]. 北京：中国农业出版社,2002.

[6] 许尚忠，郭宏. 优质肉牛高效养殖关键技术 [M]. 北京：中国三峡出版社,2005.

[7] 刘继军，贾永全. 畜牧场规划设计 [M]. 北京：中国农业出版社,2008.

[8] 洪龙等. 优质高档肉牛生产实用技术 [M]. 银川：阳光出版社,2012.